Das überzeugende Angebot

Hermann Scherer baute mehrere Unternehmen auf, die zum Marktführer wurden oder sich unter den Top 100 des deutschen Handels platzierten. Die Süddeutsche Zeitung schreibt: »Er zählt zu den Besten seines Faches. Seine Seminare sind gefragt – bei Marktführern und solchen, die es werden wollen …«. Neben seinen Lehraufträgen an mehreren Hochschulen hält er Vorträge zu den Themen Verkauf, Marketing und Unternehmenserfolg. Mehr Informationen finden Sie unter : www.hermannscherer.de.

Hermann Scherer

Das überzeugende Angebot

So gewinnen Sie gegen die
Konkurrenz

Campus Verlag
Frankfurt / New York

Bibliografische Information der Deutschen Bibliothek.
Die Deutsche Bibliothek verzeichnet diese Publikation in der
Deutschen Nationalbibliografie. Detaillierte bibliografische Daten
sind im Internet über http://dnb.ddb.de abrufbar.
Dieses Werk ist Band 3 der Reihe »Campus für Unternehmer«,
die in Kooperation mit der Zeitschrift »Impulse« erscheint.
ISBN 13: 978-3-593-37949-4
ISBN 10: 3-593-37949-X

Inhalt

Kapitel 4
Sprache: Ganz einfach zu mehr Erfolg

Kapitel 5
Nutzenkommunikation: Vorteile in Szene setzen

Kapitel 6
Strategie: Überzeugen statt überreden

Kapitel 7
Psychologie: Die Aufmerksamkeit steuern

Einleitung

Angebote – die unterschätzten Verkaufshelfer

Fast jedes Kind und wohl auch die meisten Erwachsenen kennen das Spiel »Stille Post«. Eine gesprochene Botschaft wird dabei entlang einer Reihe von Menschen transportiert, indem jeder sie dem ihm am nächsten Sitzenden zuflüstert. Das übliche Resultat: Der ursprüngliche Satz kommt nur bruchstückhaft oder völlig verfälscht am Ende der Kette an, was in der Regel zu großer Heiterkeit führt. Kaum vorstellbar, dass nach diesem »Prinzip« versucht wird, auch Produkte und Dienste an den Mann beziehungsweise die Frau zu bringen. Und doch passiert genau das Tag für Tag tausendfach!

Beispiel aus der Wirtschaftswelt: Da erläutern Konstrukteure und Entwickler den Vertriebsmitarbeitern ihres Unternehmens die Eigenschaften und Vorzüge einer neuen Anlage. Die rhetorisch optimal geschulten Verkäufer verhandeln anschließend mit den Einkäufern ihrer Kunden. Diese geben die Informationen an die zukünftigen Anwender in der Produktion weiter, die wiederum den Produktionsleiter beraten, der den Weg zum Einkaufsleiter nimmt. Letzte »Instanz« ist womöglich der Geschäftsführer, nachdem der Chef des Einkaufs bei ihm vorstellig geworden ist. Von den am Beginn dieser Kommunikationskette dargestellten Details und Vorteilen erfährt der Geschäftsführer wenig oder lediglich Fachspezifisches, das er kaum versteht. Nach welchen Kriterien also entscheidet er, wenn mehrere Lieferanten zur Auswahl stehen? Er betrachtet ihre *schriftlichen Angebote*!

Der Inhalt eines solchen schriftlichen Angebotes beschränkt sich in den meisten Fällen auf die Adresse des Empfängers, die Anrede, die Artikelnummer des Produktes und den Preis. Weniger minimalistisch gesinnte Unternehmen statten ihre Angebote zusätzlich mit einem Sammelsurium an internen Bezeichnungen, Lagerplatznummern und Absicherungsklauseln ihrer Rechtsabteilung aus. Besser – sprich begeisternder, überzeugender oder gar sexy – werden sie dadurch nicht. Weil die verständlichen Informationen keine Bilder und Emotionen erzeugen, die unverständlichen aber schlicht Nerven kosten, bleibt nur die Summe in Euro und Cent als einziges Entscheidungskriterium. Verschenkte Chancen für alle, die nicht über den Preis verkaufen, sondern beispielsweise Qualitäts- oder Serviceführer sind.

Der Weg aus der Preisfalle führt einzig über eine bessere Vermittlung gegenüber den Kunden. Meist wissen diese nicht, wie sehr das Unternehmen mit seinen Produkten und seinem Service punkten könnte. Der Grund: Schriftliche Angebote sind die Stiefkinder der Kundenkommunikation, obwohl gerade sie letztlich über die Antwort auf die Frage »Auftrag ja oder nein?« bestimmen. Dabei bietet das schriftliche Angebot reichlich Potenzial, wenn es Nutzen und Zusatznutzen transportiert statt nur Fachkauderwelsch. Im Kaufentscheidungsprozess spielt es eine wichtige, ja oft die wichtigste Rolle, weil es das Unterbewusstsein des Kunden beeinflusst. Individualisierte, kundenfreundlich und kaufmotivierend konzipierte und dargestellte Angebote sind weithin unterschätzte Verkaufshelfer. Eine gute Nachricht für alle, die sich positiv von ihren Wettbewerbern abheben möchten. Mithilfe der bisher ungenutzten Möglichkeiten schriftlicher Angebote kann dies ohne großen Aufwand an Kapital oder Manpower gelingen.

Wie aber sieht es aus, das überzeugende Angebot, mit dem ein Unternehmen seiner Konkurrenz ein gutes Stück voraus ist? Was macht ein Angebot unwiderstehlich, sodass die Unterschrift des Kunden fast zwangsläufig auf die Zusendung folgt? Die Antwort ist ein Antwortenbündel! Verlockende schriftliche Angebote beweisen Stil mit einem einwandfreien Äußeren, setzen auf eine kundenorientierte Sprache, verkaufen Lösungen und nicht »nackte« Produkte. Sie sprechen die Emotionen des Kunden an, geben Impulse und setzen Vorteile wirkungsvoll in Szene. Mit einem unwiderstehlichen Angebot zeigt das Unternehmen Profil und stellt zugleich die Bedürfnisse des Kunden in den Mittelpunkt. Es überzeugt, statt zu überreden, verankert sich positiv im Kundenkopf – und verpackt den Preis so geschickt, dass dieser zu lediglich einem unter vielen Auswahlkriterien wird.

Wie diese Grundregeln für ein überzeugendes Angebot konkret umgesetzt werden, ist Thema dieses Buches. Zwar bedeutet ein so erstelltes Angebot für das Unternehmen zunächst mehr Zeitaufwand, doch der lohnt sich gleich dreifach. Erstens wächst mit der Unwiderstehlichkeit des Angebots die Wahrscheinlichkeit eines Auftrags, zweitens lassen sich in einem professionellen Angebot auch höhere Preise rechtfertigen und drittens vergrößert es die Chance auf eine stabile, langfristige Kundenbeziehung. Mit zahlreichen gelungenen Beispielen, den Sahnehäubchen auf der Theorie, macht dieses Buch die vermittelten Regeln anschaulicher und erleichtert den Transfer in die Praxis.

Wie groß das Erfolgspotenzial des überzeugenden schriftlichen Angebotes ist, zeigt nicht zuletzt ein gedanklicher Vergleich mit der direkten Präsentation für den Verbraucher: Wer würde schon ein Waschmittel kaufen, das in einem Quader aus grauer Pappe steckt und auf dem als einzige Kennzeichnungen eine Artikelnummer sowie der Preis prangen? Wohl nicht einmal diejenigen, die stets auf jeden Cent achten! Auch der Aufdruck Waschmittel würde wenig helfen, denn der Konsument möchte wissen, was er von gerade diesem Produkt hat und welche Innovation es bedeutet. Er will lesen, dass es seine Wäsche strahlender, reiner, duftiger macht und sein Inhalt auf einer völlig neuen Rezeptur beruht. Mit anderen Worten: Er erwartet kein unscheinbares Mauerblümchen, sondern eine unwiderstehliche Verführung.

Kapitel 1

Problem: Warum so viele Angebote so wenig bewirken

In diesem Kapitel werden folgende Themen behandelt:

▶ Zunehmende Vergleichbarkeit der Produkte und Dienstleistungen
▶ Das Angebot als Nahtstelle zwischen Verkaufsbemühung und Leistungserbringung
▶ Positiver Nutzen muss kommuniziert werden
▶ Qualität findet im Kundenkopf statt
▶ Die Rolle der Schlüsselinformation für die Kaufentscheidung

Modell 354-X34-HL 56, Zugkraft 250 N, zum Verarbeiten von PA, PS, PP, PC und PE, Preis 1 535 Euro – wie sieht die Reaktion eines Einkäufers einer Spritzgießtechnik-Firma aus, dem so ein Angebot auf den Tisch flattert? In helle Begeisterung wird er kaum ausbrechen – auch dann nicht, wenn die Leistung der Maschine stimmt und sie genau das kann, was in der Produktionshalle seines Unternehmens aktuell gebraucht wird. Schlimmer noch: Seinen Vorgesetzten, der über Investitionen dieser Größenordnung selbst entscheidet, wird das Angebot noch viel weniger vom Hocker reißen. Weil er sich nicht mit Details wie der Zugkraft oder den Kürzeln für verschiedene Kunststoffe befasst, versteht er nicht einmal die Fakten. Er sieht absolut keinen Grund, warum er ausgerechnet bei diesem Anbieter kaufen sollte. Was also tut er? Er betrachtet den Preis, vergleicht ihn mit der Konkurrenz und wählt das günstigste Angebot. Oder aber er kauft überhaupt nicht, weil es die alte Maschine noch eine Weile macht und ihm niemand gesagt hat, welche sofort spürbaren Vorteile die neue ihm bringen würde.

Ein Vergleich mit Einkäufen im privaten Bereich zeigt deutlich, wie realistisch diese Einschätzungen sind: Frau Schmidt geht auf Tour durch diverse Baumärkte und Spezialgeschäfte für Bodenbeläge, um sich ein Parkett für ihr Wohnzimmer auszusuchen. Zahlreiche Verkäufer nennen ihr lediglich die Produktbezeichnung und den Preis. Allenfalls drücken sie ihr noch – auf Nachfrage – einen Prospekt in die Hand. Ein Mitarbeiter eines Baumarktes jedoch präsentiert ihr die verschiedensten Produkte, führt das durch Klick-System extrem leichte Verlegen vor, beweist die Abriebfestigkeit und das simple Entfernen von Flecken. Er lässt Frau Schmidt das Holz in die Hand nehmen und die glatte Oberfläche erspüren, bietet Hilfe bei der Vermittlung eines Handwerkers an und hat für jedes Parkett die passende Bodenleiste parat. Kein Wunder, dass Frau Schmidt alle anderen Anbieter sofort vergisst, obwohl sie auch dort schriftliche Angebote angefordert hat. Einige Tage später liegen diese im Briefkasten – auch das von dem Baumarkt mit dem begeisternden Verkäufer. Als Frau Schmidt alle geöffnet hat, macht sich eine gewisse Enttäuschung breit: Die Angebote gleichen einander wie ein Ei dem anderen. Klick-System, 4 Millimeter Nutzschicht, 44 Euro pro Quadratmeter. Oder 4,2 Millimeter und 45 Euro Eiche, Esche oder Ahorn. Holzhärte 3,2 N/mm². Oder 3,0. Ernüchtert geht Frau Schmidt die Angebote mit ihrem Mann durch, der nicht mit auf der Erkundungstour war. »Nehmen wir halt das Billigste«, so sein Kommentar nach einigen Minuten. »Oder verschieben wir doch die Aktion auf nächstes Jahr.«

Die Angebote fürs Parkett und für die Spritzgussmaschine haben eines gemeinsam: Sie sind nicht sexy. Wer sie liest, der fühlt keinen Impuls, sofort zu unterschreiben. Im Gegenteil: Er oder sie überlegt, ob der Kauf überhaupt notwendig ist. Und im Zweifel wird diese Frage mit nein beantwortet. Für die Anbieter bedeutet das eine vergebene Chance, nämlich verlorener Umsatz und der Verlust eines möglichen Empfehlungsgebers. Leider befinden sich der Spritzgussmaschinen-Hersteller und der Parkett-Händler in zahlreicher Gesellschaft, wie sich bei der Beratung von insbesondere kleinen und mittleren Unternehmen zeigt. In der Regel kümmern sich Geschäftsführung und Mitarbeiter intensiv um die Qualität, Qualitätssicherung und Qualitätssteigerung ihrer Produkte, Systeme, Anlagen oder Dienstleistungen. Wie aber sollen diese den Interessenten sowie den potenziellen oder bestehenden Kunden in schriftlichen Angeboten überzeugend dargestellt werden? Eine Frage, die meist noch nicht einmal gestellt, geschweige denn schlüssig beantwortet wird.

Bernhard Bruckbauer, Inhaber und Geschäftsführer der Bruckbauer Unternehmensgruppe in Cham, beschreibt dies treffend: »Wir haben in den letzten zehn Jahren alle Zeit und Energie darauf verwendet, unsere Produkte und Dienstleistungen zu optimieren, sodass wir gar keine Zeit mehr hatten und es auch schlichtweg versäumten, genau das unseren Kunden und Interessenten in allen Leistungsdarstellungen auch mitzuteilen.« Eine Erkenntnis, die präzise darlegt, warum so viele Angebote so wenig bewirken.[1]

Die Wahrnehmungsfähigkeit der Entscheider ist begrenzt

Die zunehmende Sättigung der Märkte und die Tatsache, dass sich die heute angebotenen Leistungen und Produkte kaum noch qualitativ voneinander unterscheiden, zwingt Unternehmen immer mehr zum Umdenken. Während in Werbemitteln und bei sonstigen den Verkauf unterstützenden Maßnahmen meist eine Vielzahl von Kundennutzen kommuniziert wird, wird dies bei Angeboten nicht selten unterlassen. Ein oft folgenreiches Versäumnis, weil gerade die schriftlichen Offerten den Abschluss, also die endgültige Entscheidung des (potenziellen) Kunden herbeiführen sollen. Denn: Kaufentscheidungsprozesse sind manchmal sehr komplexe Vorgänge, bei denen Entscheidern oder Einkäufern häufig nur die Angebote der Anbieter als Entscheidungsgrundlage vorliegen.

Zudem sind die Personen, die über ein »Ja« oder »Nein« bei der Auftragsvergabe entscheiden, in vielen Fällen nicht einmal diejenigen, die an dem Prozess der Vermittlung von Werbe- und Nutzenbotschaften teilgenommen haben. Die Zeit dieser Entscheider ist begrenzt und ihre Wahrnehmungsfähigkeit ist es auch. Die Folge: Verschiedene Angebote werden oftmals, obwohl sie nicht tatsächlich vergleichbar sind, nebeneinander gestellt. Oder es wird versucht, diese Angebote einander so anzugleichen und zu vereinfachen, dass ein einziges Kriterium – in der Regel der Preis – übrig bleibt. Aus diesem Grund kommt es häufig vor, dass der Anbieter zum Zug kommt, der das günstigste Angebot vorlegt, und nicht derjenige, der dem Kunden einen höheren Nutzen bietet.

Eine fatale Erkenntnis für alle, die nicht über den Preis verkaufen, sondern nur mit den Vorteilen ihrer Produkte und Dienstleistungen punkten können. Welche Möglichkeiten haben sie, diese Vorzüge darzustellen? Wie kann die Transformation eines durchaus erfolgversprechenden Beratungsgesprächs in ein demotivierendes Angebot verhindert werden? Wie lassen sich Marketing- und Verkaufswerkzeuge auf die spezielle Situation der Angebotserstellung übertragen? Und wie kann der Preis so geschickt verpackt werden, dass er seine Rolle als alleiniges Entscheidungskriterium schnell verliert? Das sind die Themen dieses Buches, das den Weg zu kundenfreundlichen und nutzenorientierten, individualisierten und zum Kauf motivierenden schriftlichen Angeboten weist.

Beispiele – unter anderem aus der Beratungspraxis von *Unternehmen Erfolg* – belegen, dass sowohl mit den direkten als auch den indirekten Leistungsspektren geworben werden kann. Wettbewerb (auch globaler) sowie ein hohes Informationsniveau des Kunden sind dabei kein Erfolgshindernis. Immer berücksichtigt werden muss aber die limitierte Aufnahmefähigkeit der Kunden – insbesondere der Entscheider, die auf vielen Gebieten einiges wissen, aber sich nie mit den Details beschäftigen.

Zahlenwälder stiften Verwirrung

Genau diese Detailbeschreibungen und Produktdaten aber sind es, die in den meisten Angeboten im Vordergrund stehen. Hinzu kommen weitere Einzelheiten, welche die Kunden überhaupt nicht interessieren. Das Ergebnis sind Zahlenwälder, die lediglich Verwirrung stiften, statt Klarheit zu schaffen oder gar die Entscheidung zu fördern. Statt von zum Kauf motivierenden Nutzenargumenten sind die Angebote von folgenden Inhalten geprägt:

- Artikelnummern,
- Datenbankbegriffen,
- unternehmensinternen Bezeichnungen,
- Lagerplatznummern und Zugriffsdaten,
- Absicherungsformulierungen der Rechtsabteilung,
- Schilderungen von unternehmenshistorischen Zusammenhängen,
- Beschreibungen von Vorgehensweisen (zumeist nicht mehr aktuell),
- Darstellungen oder Formulierungen, die auf die Unwissenheit der Mitarbeiter schließen lassen,
- Aussagen, die zum Beispiel aufgrund ungeeigneter Formulierungen unabsichtlich unhöflich klingen.

Sammelsurien dieser Art zeugen zum einen von einem Defizit an Identifikation mit den Bedürfnissen des Kunden, mangelnder Beschäftigung mit dessen Vorwissen und oft auch vom Fehlen einer sinnvollen Hard- und Software für die Erstellung von Angeboten. Kurzum: Die Mehrzahl der Angebote ist viel zu wenig durch Nutzenaussagen der Verkaufsabteilung geprägt, sondern folgt ausschließlich traditionellen Angebotsmustern.

Abgrenzungsmerkmale werden ausgeblendet

Zur Analyse der derzeitigen Situation gehört auch die andere Seite der Medaille: Das, was in den meisten Angeboten ausgeblendet oder viel zu wenig berücksichtigt wird:

- Vernachlässigt wird die *nutzenorientierte Darstellung der »direkten« Leistungen* von Produkten, Systemen, Anlagen oder Dienstleistungen. Damit sind die Leistungen gemeint, die »zwangsläufig« erbracht werden. Beispiele: Eine Druckmaschine bedruckt logischerweise ein Blatt Papier, ein Steuerberater erstellt selbstverständlich eine Einkommensteuerabrechnung.
- Ebenso fehlt meist die *nutzenorientierte Darstellung der »indirekten« Leistungen*, also der Leistungen, die sich als Folge aus den »direkten« Leistungen ergeben. Beispiele: Eine neue Druckmaschine kann zur Personalkosteneinsparung führen, der Steuerberater zu einer Steuerrückerstattung durch das Finanzamt.
- In kaum einem Angebot wird deutlich, welche positiven *Auswirkungen auf die Prozesse des Kunden* es hat. So können zum Beispiel neue Maschinen Personalkosten einsparen, wodurch die Liquidität steigt, was wiederum mehr Freiraum für Investitionen schafft.
- Ein weiteres Stiefkind in nahezu allen schriftlichen Angeboten ist die Darstellung der *negativen Auswirkungen*, die sich *durch eine Nichtinanspruchnahme der offerierten Leistungen* ergeben. Beispiel: Die nicht angeschafften Druckmaschinen können keine Personalkosten einsparen, ergo auch keine Liquidität schaffen, wodurch es im schlimmsten Fall sogar zur Insolvenz kommen könnte.
- In der Regel wird darauf verzichtet, in Angeboten die *subjektive Quali-*

tätswahrnehmung des Kunden zu beeinflussen, obwohl sich damit die Kaufentscheidung wirksam steuern ließe.

- Dasselbe gilt für die Darstellung eines durch die angebotenen Produkte oder Dienstleistungen erzielbaren *subjektiven Wettbewerbsvorteils*. Damit ist ein Vorteil gegenüber den Mitbewerbern gemeint, der zwar möglicherweise objektiv nicht vorhanden, aber dennoch vom Kunden empfunden wird. Er lenkt die Entscheidung für den Kauf oft ebenso, wie dies tatsächlich objektiv messbare Wettbewerbsvorteile tun würden.

Produkte und Dienstleistungen gleichen einander immer mehr

Viele der heute angebotenen Produkte und Dienstleistungen werden einander immer ähnlicher. Mehr und mehr Mitbewerber bieten vergleichbare Leistungen. Das Produkt »Geld« beispielsweise ist, betrachtet man die Banknoten, bei den verschiedenen Banken immer gleich. Was also macht den Unterschied aus? Wenn es die Mitbewerber nicht besser machen, dann machen sie es womöglich billiger. Manche Produkte sind zudem definitiv so ausgereift, dass sie nicht mehr verbessert werden können. So beschreibt Schulze: »Während des größten Teils ihrer Geschichte lebte die Menschheit nahezu ohne Fortschritt. Innovation beschränkte sich auf die Erfindung einfachster Werkzeuge, die sich über viele Jahrtausende hinweg veränderten. In unserer Zeit dagegen muss man sich fragen, ob es überhaupt irgendein Produkt gibt, das nicht als vorübergehend betrachtet würde. Wir leben offensichtlich in einer kulturüberschäumenden Innovation. Was wir auch immer erzeugen, es steht unter dem Vorbehalt der Ablösung durch etwas Besseres. […] Nun entstehen aber immer mehr neue Produkte, zu denen man die dafür geeigneten Bedürfnisse erst einmal erfinden und oft genug den Verbrauchern in aufwändigen Werbekampagnen anerziehen muss. Es scheint, dass sich die zeitliche Reihenfolge von Bedürfnissen und Produkt allmählich umkehrt. Immer häufiger ist zuerst das Produkt da, bis dann hoffentlich irgendwann auch einmal ein Bedürfnis nachkommt. […] Der Rasierapparat ist ein anschaulicher Kristallisationspunkt für Gedanken über das Große und Ganze. So, wie wir ihn heute vorfinden, teilt er uns möglicherweise sogar etwas über die Zukunft des Fortschritts mit. Seit Jahrzehnten untersucht die Stiftung Warentest die Leistung von Rasierapparaten mit objektiven Messverfahren. Unter anderem wird das Gewicht der pro Zeiteinheit abrasierten Haare ermittelt. Bemerkenswert ist nun, dass sich die Rasierleistung der getesteten Apparate seit Jahren nicht mehr erhöht. Was ist geschehen? Haben die Forscher, die Techniker, die Produktentwickler versagt? Dies gewiss nicht, dafür sorgt mit eiserner Hand der Markt. Vielmehr verhält es sich so, dass hier ein Steigerungspfad bis zum Ende beschritten wurde. Die Entwicklung des Rasierapparates ist ausgereizt. Mehr als vollkommen glatt rasieren ist nicht möglich, dies aber können die Rasierapparate inzwischen. Es ist ja nur der Grundnutzen, die Rasierleistung, die sich nun nicht mehr steigern lässt. Was hindert uns daran, nun den Rasierapparat mit zusätzlichen, über den Grundnutzen hinausgehenden Funktionen zu versehen und damit eben doch zu steigern? Man könnte zum Beispiel eine Digitaluhr einbauen, einen Rundfunkempfänger mit Anschluss für Kopfhörer, einen Rasierwasserspender. Man könnte vielleicht noch die Haltbarkeit oder die Speicherfähigkeit der Batterien steigern. Und man könnte immer wieder das Design verändern.«[2]

Unabhängig davon, ob Schulze Recht hat oder nicht: Alles das ist mittlerweile schon passiert. So sind aktuell Rasierapparate auf den Markt gekommen, die sich selbst reinigen, die eine längere Batteriehaltbarkeit haben oder während des Rasierens bereits das Aftershave auftragen. Doch wie geht es weiter? »Es hat einigen intellektuellen Reiz, das am Beispiel des Rasierapparates demonstrierte Modell der Endlichkeit des Fortschritts zu verallgemeinern. Wer konsequent mit dem Begriff der Innovation umgehen will, muss diesen Begriff auch rückbezüglich anwenden. Was aber bei einer ›Innovation der Innovation‹ herauskäme, wäre nichts anderes als ihre Aufhebung. Sollte das Modell des Rasierapparates verallgemeinerbar sein, so wäre der Regisseur dieser Aufhebung niemand anderes als die Innovation selbst. Sie schafft sich durch allmähliche Erledigung aller denkbaren Aufgaben am Ende selbst ab. Was dann noch bleibt, ist lediglich Variation. Unendliches Durchspielen gegebener Möglichkeiten, nicht aber Innovation im Sinne einer Erweiterung des Möglichkeitsraums. Solange ein Rasierapparat noch nicht die überhaupt vorstellbare Maximalleistung der perfekten Glattrasur bringt, weist er ein Nutzendefizit auf. Für den Verbrauchermarkt kann es unangenehm sein, die Produktentwickler aber freuen sich, weil es für sie noch etwas zu tun gibt. Wenn sie schließlich das Nutzenideal erreicht haben, kehrt sich das Verhältnis freilich um. Nun freuen sich die Verbraucher, während sich die Produktentwickler eine neue Aufgabe suchen müssen, denn eine ihrer Informationsressourcen ist aufgezehrt. Das Nutzendefizit. Ein solches liegt immer dann vor, wenn ein Unterschied zwischen Nutzenideal und tatsächlich erreichtem Nutzen eines Produktes besteht. Denn für alle Produkte, über den Schraubenzieher, über den Staubsauger bis hin zum Datenspeicher, sind Nutzenideale definiert, denen sich die Produkte manchmal jahrtausendelang während des Steigerungspfades annähern. Betrachten wir das Beispiel der Datenspeicherung. Eines der Nutzenideale ist hier die Konservierung von möglichst vielen Informationen auf möglichst geringem Raum. Von den urzeitlichen Höhlenmalereien führt ein direkter Weg zum Mikrochip. Nun ist allgemein bekannt, dass in den letzten Jahrzehnten die Technologie geradezu ins Galoppieren gekommen ist. Die Innovation rast voran, aber gewiss nicht die Ewigkeit. Es gibt eine theoretische Obergrenze der Speicherkapazität, die ›bald‹ erreicht sein wird, verglichen mit dem riesigen Zeitraum der bisherigen Produktgeschichte.«[3]

Fazit: Kunden benötigen immer mehr Zusatznutzen und Zusatzinformationen, um auf neue Produkte aufmerksam zu werden.

So erhöht sich langfristig auch die Anzahl der technischen Innovationen: »Die technischen Innovationen werden immer mehr, bis hin zum schlauen Toaster: Ein Student der Bruniel University in Uxbridge (Großbritannien) hat einen Toaster konstruiert, der den aktuellen Wetterbericht auf die Weißbrotscheibe brennt. Den erfragt der schlaue Grill von einer Internetseite, eine Schablone schiebt sich vor die Brotscheibe – je nach Lage bleiben Sonnen- oder Wolkensymbole beim Toasten weiß.«[4]

Gutes setzt sich nicht automatisch durch

Die zunehmende Ähnlichkeit und Vergleichbarkeit der Produkte und Dienstleistungen haben eine Konsequenz: Gutes setzt sich nicht automatisch durch! Die Angebotsübergabe wird damit für viele Unternehmen zur entscheidenden Schnittstelle zwischen den Verkaufsbemühungen und der darauf folgenden Erbringung der Leistung. In äußerst vereinfachter Weise gliedert sich dieser Prozess in drei Bereiche:

1. Verkaufsbemühungen, also das Bewerben eines Produktes oder einer Dienstleistung und die Kommunikation mit potenziellen Kunden,
2. Erstellen und Überreichen des Angebotes sowie Annehmen durch den Kunden,
3. Lieferung der Produkte beziehungsweise Erbringen der Dienstleistung.

Es ist offensichtlich, dass alle diese Einzelbereiche äußerst vielschichtig sein können, wie Meffert am Beispiel der »Kaufprozesse« konstatiert: »Kaufprozesse im Investitionsgüterbereich können unterschiedlich komplex und intensiv sein. Während einerseits routinierte Kaufprozesse zu beobachten sind, existieren andererseits hochkomplexe Problemlösungen, bei denen in mehrjährigen Interaktionsprozessen alle Leistungs- und Gegenleistungsparameter ausgehandelt werden müssen.«[5]

Das Angebot ist die Nahtstelle zwischen den Verkaufsbemühungen und der Leistungserbringung. Mit anderen Worten: Ohne überzeugendes Angebot bleibt es oft bei den Bemühungen und kommt es nie zur Leistungserbringung. Dieser Tatsache sind sich allerdings viele Unternehmen – und die mit der Erstellung von Angeboten beauftragten Personen – nicht oder nicht in vollem Umfang bewusst. So wird die Wirkung eines guten Angebots, oder auch die Unwirksamkeit eines schlechten Angebots, überhaupt nicht oder nicht in ausreichendem Maße berücksichtigt. Von zentraler Bedeutung ist insbesondere der Faktor Zeit. Denn in der Regel werden vor allem dann schriftliche Angebote erstellt, wenn der Zeitpunkt der Angebotsannahme nicht mit dem Zeitpunkt der Erbringung der Leistung übereinstimmt.

Also ist die Frage zu beantworten, welchen Herausforderungen es sich beim Formulieren und Gestalten eines Angebotes zu stellen gilt. Die Wirksamkeit eines Angebotes wird nicht nur durch den Informationsgehalt, sondern ebenso durch den treffenden Bezug auf die Marktgegebenheiten und andere Einflussfaktoren geprägt (siehe Abbildung 1).

Diese Punkte beschreiben die Situationen und Herausforderungen, unter denen heute Angebote erstellt werden. Das Wissen um die eigenen Produkte und Preise macht heute kein Unternehmen mehr erfolgreich. Nur wer sich um alle Einflussfaktoren kümmert und insbesondere die Wahrnehmung beim Kunden berücksichtigt, der wird in der Lage sein, ein wirkungsvolles schriftliches Angebot zu gestalten.

Abbildung 1: Herausforderungen bei Angeboten

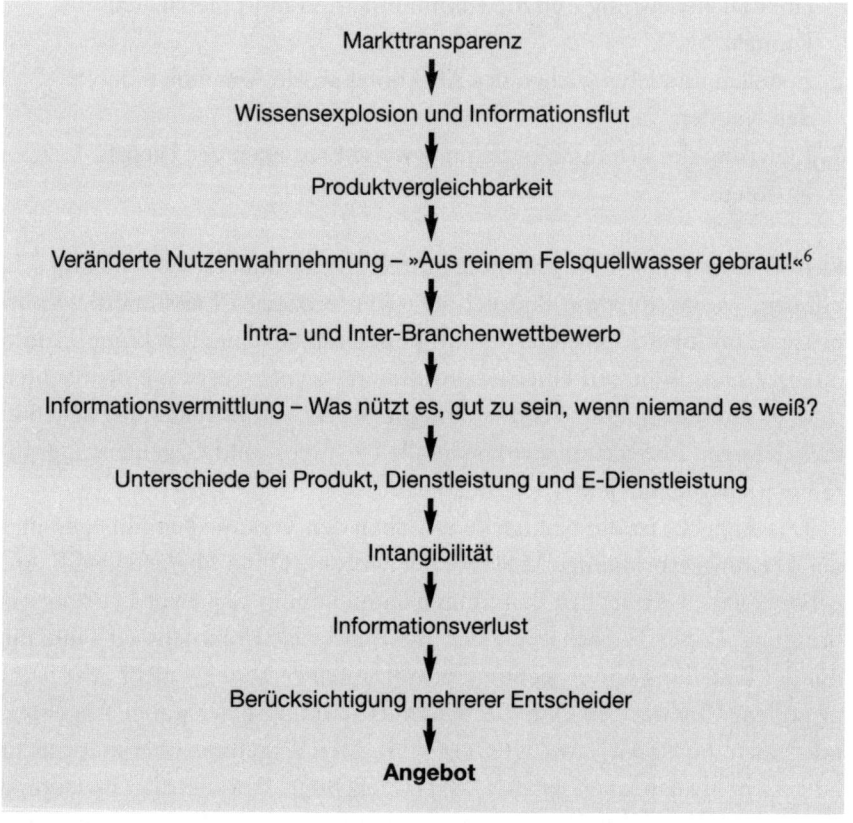

Marktransparenz
↓
Wissensexplosion und Informationsflut
↓
Produktvergleichbarkeit
↓
Veränderte Nutzenwahrnehmung – »Aus reinem Felsquellwasser gebraut!«[6]
↓
Intra- und Inter-Branchenwettbewerb
↓
Informationsvermittlung – Was nützt es, gut zu sein, wenn niemand es weiß?
↓
Unterschiede bei Produkt, Dienstleistung und E-Dienstleistung
↓
Intangibilität
↓
Informationsverlust
↓
Berücksichtigung mehrerer Entscheider
↓
Angebot

Bereits die zunehmende Vergleichbarkeit der Produkte hat gezeigt, wie unverzichtbar ein solch überzeugendes Angebot ist. Ein weiterer wichtiger Punkt ist die Markttransparenz: Nahezu alle Märkte werden – insbesondere durch das Internet – von Tag zu Tag transparenter. Immer leichter und immer schneller ist der Kunde in der Lage, sich über Produkte oder Dienstleistungen einen Überblick zu verschaffen. Andreas Meier behauptet in seiner Arbeit *Elektronische Märkte und das Internet*: »Ein positiver Effekt für den Nachfrager liegt darin, dass er alle vertretenen Anbieter eines bestimmten Produkts in einer Übersicht zusammenstellen kann und auf diese Weise die Markttransparenz erhöht. Durch die weltweite Vernetzung kann er ebenfalls die Angebote ausländischer Hersteller einsehen und so kann er auch mittelständische Güter in der Angebotsphase mit einbeziehen, die ihm vorher nicht beziehungsweise sehr schwer zugänglich waren.«[7] Und selbst wenn manche Detailleistungen schwer vergleichbar sind: Stets können zumindest die Preise einander gegenübergestellt werden.

Tatsächlich ist es so, dass sich viele Kunden bei zahlreichen Produktdetails oftmals besser auskennen als der Verkäufer selbst. Das gilt insbesondere im Bereich B2C (Business to Consumer), also beim Verkauf an den Endkunden, und lässt sich einfach erklären: Während der Verkäufer die gesamte Bandbreite des angebotenen Produktspektrums kennen muss, konzentriert sich der Kunde bei seinen Recherchen lediglich auf das von ihm gewünschte Produkt. Er kann seine Zeit also vollständig dafür einsetzen, alles Wissen für diesen Spezialbereich zu erwerben, und wird dabei heute unter anderem durch das Internet unterstützt.

Beispiel: Herr Schmidt braucht einen neuen Drucker, der möglichst auch scannen und faxen kann. Im Internet findet er Dutzende von Seiten, die ihn über die Unterschiede von Laser- und Tintenstrahlern, über die möglichen Geschwindigkeiten und die Werte für die Auflösung aufklären. Er entdeckt Preisschnäppchen und Einzelheiten zur modernsten Druckkopftechnologie. Geht er mit diesen Kenntnissen ins Fachgeschäft, so wird er von den Auskünften des Verkäufers eher enttäuscht sein. Dieser ist neben den Druckern auch für Computer, Monitore, Digitalkameras und vieles mehr zuständig. Möglich, dass er daher nicht weiß, wie viele Picoliter die Tintentröpfchen beim Druckermodell XY enthalten und was das bedeutet. Wie also soll sich der potenzielle Käufer entscheiden, wenn er mehr weiß als der Verkäufer?

Doch nicht immer übertrumpft der recherchefreudige Kunde den Verkäufer. Häufig ist auch das Gegenteil zu beobachten: »19,24 Prozent der Nachfrager werden überfordert (zum Beispiel beim Abfragen der Datenerfordernisse).«[8] Wenn sie beispielsweise einen Computer kaufen möchten, werden sie in Zahlen und Buchstabenkürzeln ertränkt, von denen sie nur einen Bruchteil verstehen. Die Ursachen für diese Überlastung sind die Wissensexplosion und Informationsflut. Während die eine immer mehr Produkte zu komplizierten Gütern macht, erhöht die andere die Anzahl direkt konkurrierender Angebote stetig. Selbst eine einfache Zahnbürste will heute anhand von Details wie dem Krümmungswinkel oder der ausgeklügelten Anordnung der Borsten beurteilt werden – und wie viel mehr Komplexität haben Produkte, Anlagen oder Systeme aufzuweisen, die im Bereich B2B (Business to Business), also zwischen zwei Unternehmen gehandelt werden?

Eine wachsende Zahl von Kunden ist immer weniger in der Lage, sich für die richtigen, also die zu ihren individuellen Bedürfnissen passenden

Produkte oder Dienstleistungen zu entscheiden. Viele haben einfach nicht die Zeit oder die Muße, sich aus der Vielzahl der Angebote das für sie Passende herauszusuchen. Die Kunden werden dadurch immer wechselbereiter, selbst wenn sie bestmögliche Qualität geboten bekommen. Vielen Unternehmen fehlt das Marketingbudget eines Großkonzerns, um mit einer breit angelegten und teuren Werbekampagne auf sich aufmerksam zu machen, während andere Unternehmen den Markt mit Werbebotschaften geradezu überfluten. So kann der Kunde oft folgende Fragen nicht beantworten:

1. Gibt es überhaupt Produkte oder Dienstleistungen, die meine Probleme lösen?
2. Falls es solche gibt: Welche konkreten Angebote lösen meine Probleme?
3. Welche Produkte und Dienstleistungen sind die richtigen für meine individuellen Anforderungen?
4. Gibt es andere Produkte und Dienstleistungen, die meine Wünsche noch besser erfüllen?

Die zunehmende Produktvergleichbarkeit, zu viel Wissen auf Seiten des Kunden oder Überforderung durch den Verkäufer: Das Resultat ist, dass Gutes sich nicht automatisch durchsetzt. Wer als Hersteller von Produkten oder Anbieter von Dienstleistungen dennoch seine Angebote an den Mann und die Frau bringen möchte, der muss sich mit der Nutzenwahrnehmung auseinander setzen. Was darunter zu verstehen ist, illustriert das Beispiel der Brauerei Krombacher. Diese wirbt mit dem Slogan »Aus reinem Felsquellwasser gebraut«[9] für ihr Bier – und erreicht damit einen vergleichsweise wesentlich höheren Absatz als andere Brauereien:

Ist nun die Nutzung von Felsquellwasser ein deutlicher Qualitätsvorteil von Krombacher? Nein, denn Fakt ist, dass die meisten Brauereien in Deutschland ebenfalls aus reinem Felsquellwasser brauen. Was lässt sich daraus schlussfolgern? Offenbar muss ein Unternehmen gar nicht besser sein als seine Mitbewerber; es muss seine tatsächlichen (oder vermeintlichen) Vorteile nur besser kommunizieren. – Warum ist das so? Nehmen wir einmal an, Frau Schmidt muss von zwei Alternativen eine aussuchen. Zum Beispiel ein Produkt, das sie gerne kaufen möchte. Die Grafik in Abbildung 2 zeigt zwei im Preis gleiche Angebote A und B. Die Höhen der Säulen zeigen, dass A ein weitaus höheres Leistungsspektrum bietet als B. Objektiv betrachtet müsste also Frau Schmidt auf die Frage »Was würden Sie kaufen?« in jedem Fall mit A antworten. Gleiches gilt, wenn Frau Schmidt ein bestimmtes Leistungsspektrum erwartet (gekennzeichnet durch die waagerechte Linie). Auch jetzt hat A immer noch das objektiv bessere Angebot, und sie würde sich für A entscheiden. Was geschieht aber nun, wenn die Vorteile des Produktes B weitaus besser kommuniziert werden als die von A (dunklere Flächen)? Das verändert die Situation völlig, weil Frau Schmidt kaum in der Lage ist, ein objektives Urteil zu fällen. Sie wird daher natürlich das Produkt kaufen, das ihr am positivsten vermittelt wird.

Wir kaufen also da, wo der Nutzen subjektiv besser kommuniziert wird. Auf der Strecke bleibt oft das Produkt, bei dem der Nutzen – objektiv gesehen – höher ist. Weil kein Kunde wirklich objektiv urteilen kann, ist er darauf angewiesen, wie gut ihm der Nutzen vermittelt wird. Nicht das Unternehmen, dessen Produkt besser ist als das der Mitbewerber, bekommt den Zuschlag, sondern das, welches diesen Nutzen besser kommuniziert. Denn: Qualität findet im Kundenkopf statt. Das gilt selbstverständlich nicht nur für Produkte, sondern ebenso für die Auswahl unter Stellenbewerbern oder Mitarbeitervorschlägen. Dem Preis entsprechen in diesen Fällen

Abbildung 2: Nutzenkommunikation[10]

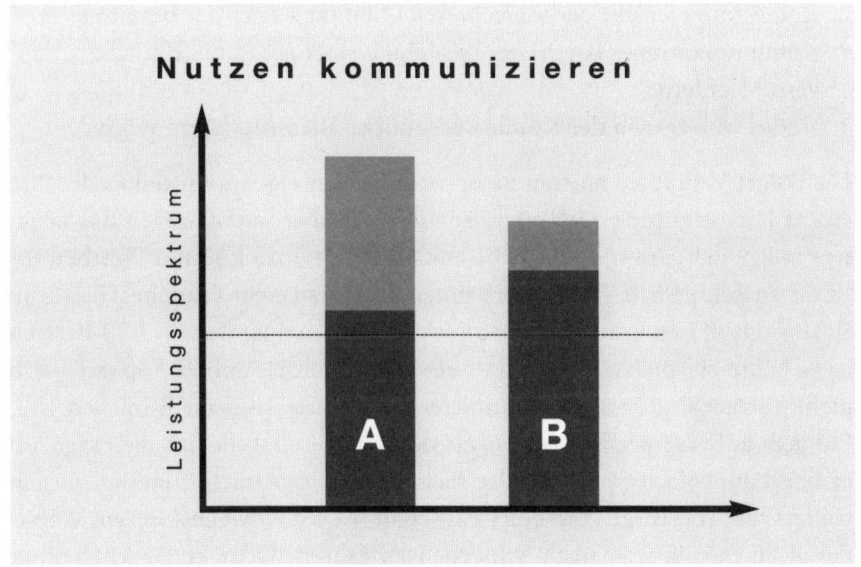

das Gehalt der Kandidaten beziehungsweise der Realisierungsaufwand für die vorgeschlagenen Ideen. Möglicherweise haben zehn potenzielle Vertriebsfachleute dieselben Qualifikationen, aber nur einer stellt diese überzeugend dar. Eventuell sind die zu erwartenden Kosteneinsparungen bei einem Dutzend Verbesserungsvorschlägen verschiedener Mitarbeiter annähernd gleich, aber nur einer legt diese Einspareffekte klar und verständlich dar. Logisch, dass genau dieser Bewerber und dieser Mitarbeiter triumphieren werden.

Weil Qualität im Kundenkopf stattfindet, hat sich der Verdrängungswettbewerb gegenüber früheren Zeiten (mit mehr objektiven Qualitätsunterschieden) sehr verändert. Natürlich ist die tatsächliche, objektive Qualität wichtig – wichtiger denn je. Qualität ist die Eintrittskarte in den Markt oder in das Gespräch, aber sie reicht allein nicht mehr aus. Qualität muss unbedingt kommuniziert werden.

Während manche Unternehmen an der Qualität ihrer Produkte und Dienstleistungen arbeiten, gibt es andere, die möglicherweise eine schlechtere Qualität liefern, aber ihre Leistung insgesamt wesentlich besser kommunizieren. Einen wesentlich größeren Erfolg haben – zumindest kurzfristig – oftmals Letztere, weil der Kunde immer nur beurteilt, was ihm vermittelt wird. Eine durchaus problematische Entwicklung, weil …

1. … dadurch die durchschnittlich wahrgenommene Qualität sinkt.
2. … die Anbieter mit der schlechteren Qualität – aber der besseren Kommunikation – langfristig das Image einer gesamten Branche verschlechtern.
3. … das Misstrauen der Kunden gegenüber allen Anbietern wächst.

Die Folge: Verkäufer müssen nicht mehr nur ihr eigenes Produkt oder ihre eigene Dienstleistung verkaufen, sondern darüber hinaus gegen das negative Image der gesamten Branche ankämpfen. Hinzu kommt: Wettbewerb ist nie ausschließlich Wettbewerb unter Anbietern einer Branche. Gerade in Rezessionsphasen konkurrieren alle Anbieter miteinander. Im B2B-Bereich ist es heute beispielsweise so, dass ein Kunde mit Urlaubsziel Spanien sich nicht nur überlegt, ob er bei Anbieter A oder bei Anbieter B buchen will. Oft geht er bei seinen Überlegungen viel weiter und stellt sich die Frage, ob er überhaupt nach Spanien oder nicht doch lieber nach Tunesien fliegen sollte. Oder er erwägt, statt einer Pauschalreise zur Abwechslung ein Wohnmobil zu mieten und nach Schweden zu fahren. Oder er denkt darüber nach, einmal ein Jahr ohne Urlaub zu verbringen, um mit dem gesparten Geld ein neues Auto zu finanzieren.

Auch im B2B-Bereich wird längst nicht mehr nur die Frage nach dem besten Anbieter gestellt. Beispielsweise überlegt ein Unternehmer bei einer größeren Investition, ob diese in ein neues EDV-Netzwerk oder einen neuen Internetauftritt fließen soll – oder ob er sicherheitshalber erst einmal gar nicht investiert.

Jeder Kunde, ob Endverbraucher oder Unternehmen, kann sein Geld immer nur einmal ausgeben. Anbieter konkurrieren daher stets nicht nur mit ihren direkten Wettbewerbern, sondern auch mit branchenfremden Unternehmen. Und, was in einer Phase lahmender Konsum- und Investitionsbereitschaft vielleicht noch folgenreicher ist: Ein weiterer Konkurrent ist die Stimme, die sagt: »Kaufe oder investiere erst mal lieber gar nicht.«

Produkte und Dienstleistungen

Produkte, Dienstleistungen und E-Dienstleistungen (Dienstleistungen, die zum Beispiel im Internet geliefert werden) stellen sich im gesamten Kaufprozess unterschiedlich dar und werden dementsprechend wahrgenommen. Diese Unterschiede müssen bei der Angebotserstellung berücksichtigt werden.

So beschreibt Professor Bernd Stauss: »Zu den konstitutiven Merkmalen von Dienstleistungen gehören die Intangibilität (Nichtgreifbarkeit) und die Beteiligung des Kunden (Integration eines kundenseitigen Faktors in die Leistungserstellung). Diese Merkmale haben erhebliche Konsequenzen für das Kundenverhalten und den Einsatz von Marketinginstrumenten.«[11] Während Produkte vom Kunden angefasst und berührt werden können, so ist dies bei Dienstleistungen oder bei Auftragsarbeiten aufgrund der Nichtgreifbarkeit nicht oder nur teilweise möglich.

Beispiel: Bei der Suche nach einem neuen Steuerberater ist es für ein Unternehmen schwierig, die Qualität der Dienstleistung zu bewerten. Sowohl vor, oftmals während und manchmal auch nach der Beratung kann kaum beurteilt werden, was der Steuerexperte leistet. Selbst dann, wenn der Unternehmer viel Geld vom Finanzamt zurückbekommt, bleibt die Frage offen, ob nicht ein anderer Berater eine noch größere Rückerstattung herausgeholt hätte.

Tabelle 1: Vergleich von Produkt, Dienstleistung und E-Dienstleistung[12]

	Produkt	Dienstleistung	E-Dienstleistung
Wartezeit	keine	Wartezimmer	Ladezeit
Raum benötigt	nein	ja	nein
Individualität	gering	ja	hoch
Verkäufer	Verkäufer oder z. B. Klementine von Ariel	der Dienstleister selbst	virtueller Verkäufer, z. B. Robert von t-online
Potenzialqualität	–	Ausrüstung	technische Basis Orga, Software, Content
Prozessqualität	–	Auswirkung	Navigation, Prozess
Ergebnisqualität	–	Heilung	–
Angebot	unterschiedlich	in der Regel nach oder während des Gesprächs	sofort, durch Internet

Bei einem Arztbesuch – der Dienstleistung Untersuchung, Diagnose und Behandlung – ist der Patient weder vor noch während noch nach der Untersuchung zu einer objektiven Beurteilung in der Lage. Es fehlen ihm die Vergleiche, um sagen zu können, ob die Behandlung mit einem anderen Arzt oder ohne Arzt genauso erfolgreich gewesen wäre.[13]

Greifbarer Kundennutzen und Schlüsselinformationen

Gutes setzt sich nur durch, wenn es kommuniziert wird. Das wird jedoch dadurch erschwert, dass der Kundennutzen oftmals nicht greifbar ist. Mit einem Fachausdruck wird dies als Intangibilität, Nichtgreifbarkeit, bezeichnet. Daraus folgt für Unternehmen das Problem, den nicht greifbaren Kundennutzen zu kommunizieren. Insofern müssen vor allem Marketing und Werbung geeignete tangible Surrogate finden. Dazu gehört zum einen die Wahl von Kontaktelementen als Träger des Marketing (zum Beispiel Ausrüstung und Mitarbeiter). Zum anderen gilt es, in Logo und Werbegestaltung »tangible« Elemente einzusetzen, die vom Kunden als Symbol des intangiblen Nutzens interpretiert werden (zum Beispiel ein Fels als Symbol der Sicherheit für eine Versicherung).

Auf keinen Fall darf das Umfeldmanagement vernachlässigt werden: Wird eine Dienstleistung beim Anbieter erstellt, kommt der Kunde mit den dort wahrnehmbaren tangiblen Elementen in Kontakt. Dieses physische Umfeld bestimmt nachhaltig den Qualitätseindruck des Kunden. Zudem beeinflusst es sein Verhalten, lässt ihn beispielsweise länger oder kürzer verweilen, hebt oder erniedrigt seine Bereitschaft zur Mitwirkung (beispielsweise als Patient beim Arzt). Das Umfeld lenkt die Interaktion zwischen Kunde und Anbieter eines Produkts oder einer Dienstleistung. Und auch das Verhalten der Mitarbeiter, etwa deren Leistungsniveau, ist abhängig von der Umfeldgestaltung. Insofern ist es Aufgabe des Umfeldmanagements, das physische Umfeld so zu gestalten, dass die angestrebte Qualitätsposition kommuniziert sowie Kunden und Mitarbeitern eine effiziente Erfüllung ihrer Aufgaben ermöglicht wird. Als Gestaltungselemente kommen Umgebungsbedingungen (wie Temperatur), funktionelle Raumelemente (wie Möblierung) und Zeichen (wie Hinweisschilder) in Betracht.

Je weniger fass- oder greifbar eine Leistung ist und je weniger sie sich von der Leistung der Wettbewerber unterscheidet, desto stärker zieht der Kunde sekundäre Auswahlkriterien zur Entscheidungsfindung heran. Diese werden oftmals mit dem Begriff *Schlüsselinformationen* bezeichnet. Beispiel: Je weniger Möglichkeiten der Patient hat, die Leistung seines Arztes objektiv zu beurteilen und mit der anderer Ärzte zu vergleichen, desto eher wird er wahrscheinlich einen Blutfleck auf dem Kittel der Sprechstundenhilfe als negative Schlüsselinformation werten – und aufgrund dieses Blutflecks ein subjektives, negatives Urteil fällen.

Nicht nur bei Dienstleistungen, sondern auch bei Produkten beeinflussen solche Schlüsselinformationen die Kaufentscheidung. Auch dafür ein Beispiel: Der Kauf eines Videorecorders in einer bestimmten Preisklasse beschert dem Kunden in einem gut sortierten Warenhaus mit breitem Angebot die Qual der Wahl. Welcher Impuls leitet ihn bei der Entscheidung?

Es könnte die Aussage »Sony, it's not a trick«[14] und damit der Bekanntheits-grad eines Unternehmens oder eines Produktes sein. Weitere Beispiele für Schlüsselinformationen sind:

- Anzahl der Kunden: Kunden gehen möglicherweise nicht in ein Restau-rant, weil es zu voll ist – und sie meiden möglicherweise ein anderes, weil es zu leer ist. Die Anzahl der Gäste ist häufig ein scheinbares Qualitäts-kriterium.
- Bekanntheitsgrad des Kunden im Unternehmen: Kennen die Verkäufer den Kunden? Wird der Kunde begrüßt? Wird der Kunde mit seinem Namen angesprochen?
- Claim des Unternehmens,
- Corporate Design,
- Größe oder scheinbare Größe des Unternehmens,
- Engagement des Unternehmens gegenüber der Umwelt,
- Engagement im sozialen Bereich. Beispiel: Seit den tragischen Ereig-nissen des 11. September 2001 gibt es in den USA eine Vielzahl von An-bietern, die in ihren Angeboten so genannte Donation-Cents ausweisen: Sie werden vom erzielten Umsatz abgezogen und den Hinterbliebenen der Katastrophe gespendet.
- Erscheinungsbild der Mitarbeiter,
- Farbe des Produktes,
- Freundlichkeit der Mitarbeiter,
- Gütesiegel oder Auszeichnungen wie ISO-Zertifizierung, TÜV-Zertifi-zierung, Bio-Kennzeichen. Beispiel: Die Verwaltung des Stadtstaates Hongkong – damals noch unter der Herrschaft der Kolonialmacht Großbritannien – kreierte Logo und Gütesiegel der Hong Kong Tourist Association. Damit reagierte sie auf die geringen Umsätze mit Touristen im Bereich Elektronikartikel und Fotoapparate. Grund war die Befürch-tung, ohne Wissen Plagiate zu kaufen. »Da die meisten eingeführten Waren zollfrei sind, ist das Warenangebot vielfältig. Die Honk Kong Tourist Association (HKTA) empfiehlt die mit einem roten, runden Dschunkenemblem mit der Aufschrift ›Ordinary Member‹ ausgezeich-neten Läden. Diese sind Mitglieder der HKTA und garantieren einen guten Service, wahrheitsgetreue Bezeichnung der angebotenen Produkte und sofortige Abhilfe bei berechtigten Reklamationen.«[15]
- Image des Unternehmens,

- Logo des Unternehmens,
- Mitarbeiterzahl des Unternehmens,
- Netzwerkzugehörigkeit des Unternehmens,
- Patent- oder Markenrechte des Unternehmens,
- Referenzen des Unternehmens beziehungsweise des Produktes,
- Sauberkeit,
- Schnelligkeit der Briefantworten,
- Schnelligkeit der Probelieferung,
- Schnelligkeit der Reaktionen,
- Service,
- Symbole (zum Beispiel Fels als Symbol der Sicherheit für eine Versicherung),
- Verständlichkeit des Angebotes: Weiß der Kunde überhaupt, was er bekommt, und sind alle (Zusatz-)Leistungen oder (Zusatz-)Verpflichtungen angesprochen worden?
- Welche Präsente bekommen die Kinder?
- Welche Prominenten nutzen und loben dieses Produkt?
- Wartezeiten: zum Beispiel im Wartezimmer oder bis zum Eintreffen der Lieferung,
- Welche Zielgruppe wird angesprochen?
- Wer aus dem Freundes-, Verwandten- oder Bekanntenkreis des Kunden kauft dort?
- Wer benutzt diese Produkte noch?
- Wer kauft bei diesem Unternehmen nicht?
- Wie professionell sind der Außenauftritt und der Internetauftritt des Unternehmens?
- Wie sicher fühlt sich der Kunde bei der Entscheidung?
- Inwieweit können Rückschlüsse vom Unternehmensimage auf die Produkt- und Dienstleistungsqualität gezogen werden?
- Wie trendy oder hip ist das Unternehmen, das Produkt oder die Dienstleistung?
- Zu welchen Verbänden gehört das Unternehmen?

Wenn dem Kunden mehrere Produkte oder Dienstleistungen zur Auswahl stehen, bewertet er die signifikanten – oder scheinbar signifikanten – Unterschiede mit diesen Schlüsselinformationen. Stellt er allerdings keine Unterschiede fest und bewertet keine der oben aufgelisteten Informationen positiv, dann wird schließlich der Preis die Kundenentscheidung bestimmen. Der Kunde konzentriert sich also in diesem Fall auf die letzte Möglichkeit, Produkte zu unterscheiden, nämlich auf den Preisvergleich. Unternehmen, die nicht durch ihre Schlüsselinformationen punkten können, geben daher den Kunden gar keine andere Chance als die, den Preis zum einzig relevanten Kriterium zu machen.

Im richtigen Augenblick den Richtigen informieren

Wir haben gesehen, dass gute Produkte und hervorragende Dienstleistungen keineswegs automatisch am Markt über schlechtere Konkurrenzangebote triumphieren. Es nützt nichts, gut zu sein, wenn niemand es weiß, wenn sich die Wettbewerber besser verkaufen können oder die Schlüsselinformationen keine Kaufimpulse erzeugen. Dabei spielt es in puncto Durchsetzung am Markt beziehungsweise im Kundenkopf oft keine Rolle, ob die Produkte oder Dienstleistungen ...

- ... anders,
- ... besser,
- ... leichter nutzbar
- ... oder bedeutender sind.

Beispiel: Keine Frage, das bekannte Hotel bei Nürnberg hat Einzigartiges erreicht. Der Geschäftsführer und sein Team erhielten unter anderem folgende Auszeichnungen:

- Hotelier des Jahres 1990,
- Deutscher Marketing-Preis 1994,
- Unternehmer des Jahres 1997,
- einziger deutscher Finalist des European Quality Awards 1997,
- Gewinner des European Quality Awards 1998.

Dieses Hotel ist ein schlagender Beweis der These: »Es nützt nichts, gut zu sein, wenn keiner es weiß.« Das zeigt zum Beispiel eine der Werbeaussagen des Hauses, die den Service beschreiben: »Angenommen, einer unserer Gäste hat sich in unserer Hausbibliothek ein Buch ausgeliehen, hat dieses Buch gelesen und lässt es beim Auschecken aus dem Hotel aufgeschlagen im Zimmer liegen. Wir stellen das Buch wieder in die Bibliothek zurück. Doch zuvor speichern wir in unserem PC unter dem jeweiligen Namen des Gastes, dass er dieses Buch bis zur Seite XY gelesen hat. Sollte der Gast wieder zu uns kommen, stellen wir anhand unserer Datenbank fest, dass er bei seinem letzten Besuch ein Buch ausgeliehen und nicht zu Ende gelesen hat. Der Gast wird bei seiner Ankunft dieses Buch – auf der richtigen Seite aufgeschlagen – in seinem Hotelzimmer finden.«

Eine hervorragende Werbeaussage, die den enormen Servicecharakter des Hotels nachhaltig unterstreicht. Bei genauerem Nachdenken stellen sich allerdings einige überaus interessante Fragen, welche die scheinbare »Einmaligkeit« dieser Serviceleistung in Zweifel ziehen:

• Wie oft leihen sich Gäste in einer Hotelbibliothek ein Buch aus?
• Wie oft nehmen sich Gäste dieses Buch mit ins Bett?
• Wie oft wird dieses Buch nicht ausgelesen?
• Wie oft wird es auf einer gewissen Seite aufgeschlagen liegen gelassen?
• Wie viele der Gäste, die ein Buch aufgeschlagen liegen ließen, können sich beim nächsten Besuch noch an den Inhalt dieses Buches erinnern?

Die Antworten auf diese Fragen werden – im Verhältnis zur Gesamtzahl der Gäste – sehr gering sein. Natürlich relativiert das die besondere Serviceleistung. Zwar werden die Gäste darüber informiert, doch für die meisten von ihnen ist es nicht relevant, ob ein von ihnen ausgeliehenes Buch sich bei ihrem nächsten Besuch wieder in ihrem Zimmer befindet. Sie leihen keine Bücher aus, lassen sie nicht aufgeschlagen liegen oder haben nach einigen Wochen den Inhalt des Buches vergessen.

Worauf kommt es also an? Im richtigen Augenblick den Richtigen zu informieren! Was so einfach klingt, ist schon aufgrund des Stille-Post-Effektes schwierig umzusetzen. Nehmen wir einmal an, dass die Herstellerfirma über 100 Prozent der Produktinformation verfügt (zum Beispiel in Form von Produktbeschreibungen, Handbüchern, Broschüren, Kundenstatements und Ähnlichem). Auf jeder Stufe der Wissensweitergabe werden jeweils etwa 90 Prozent des Wissens verloren gehen – ähnlich dem Effekt beim Kinderspiel Stille Post. So gibt der Verkäufer längst nicht alle verkaufsrelevanten Informationen und Argumente an den Einkäufer in der Firma weiter – ob in Form von Präsentationen oder Gesprächen. Beim Entscheider schließlich kommt nur noch ein Bruchteil dieses Inputs an. Das macht deutlich, wie schwierig auf dieser Basis eine Entscheidung herbeizuführen ist.

Ein Angebot muss diesen Informationsverlust unbedingt kompensieren und die entstandene Wissenslücke schließen, indem es die wichtigsten Produktvorteile, Kundennutzen und Verkaufsargumente nochmals umfassend und prägnant darstellt. Die Vergessens- und Erinnerungskurve nach Ebbinghaus (Abbildung 3) verdeutlicht, von welch entscheidender Bedeutung das ist: »Verschiedene Untersuchungen führten zu folgenden Erkenntnissen im Zusammenhang mit der Häufigkeit von Werbe-Botschaften:

- Werbung in kurzen Intervallen führt zur schnelleren Erinnerung.
- Werbung wird vergessen, wenn sie nicht kontinuierlich erfolgt.
- Kurzfristige Erinnerung (zum Beispiel für Sonderangebote oder im Wahlkampf) wird durch massive Werbung erreicht.
- Eine gleichmäßige Verteilung von Werbe-Botschaften über einen längeren Zeitraum führt zu langfristiger Erinnerung (aber: für Abwechslung durch unterschiedliche Motive sorgen).«[16]

Bei Entscheidungen über größere Investitionsgüter sind häufig mehrere Personen des Auftraggebers in den Entscheidungsprozess involviert. Je nach Hierarchie, Zielsetzung oder Aufgabenstellung können beispielsweise beteiligt sein:

Abbildung 3: Vergessenskurve nach Ebbinghaus 1885[17]

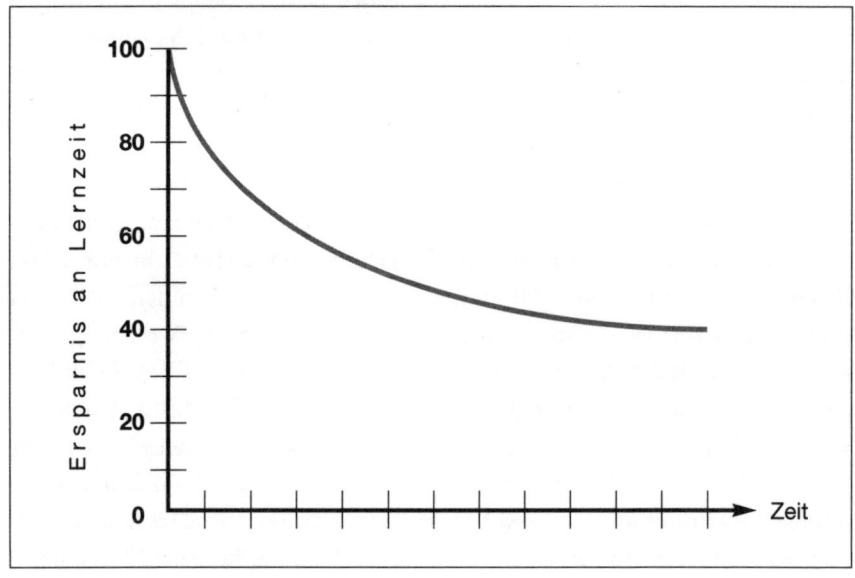

- *Inhaber:* Der Inhaber sucht möglicherweise die wirtschaftlich sinnvollste Lösung, denkt an die Konsequenzen und verknüpft die Anschaffung mit der Realisierung zukünftiger Ziele. Oftmals trifft er jedoch auch das Image des Unternehmens beeinflussende und für seinen Status relevante Entscheidungen.
- *Anwender:* Der Anwender schätzt häufig die leichte Bedienbarkeit des Produktes oder die Neuerung, die es mit sich bringt. Manche seiner Entscheidungen werden auch nutzenunabhängig oder ohne genaue Berücksichtigung der Zusammenhänge getroffen. Oder aber er zögert sie aus Angst vor großen Veränderungen hinaus.
- *Berater:* Der Berater gibt als Benchmark gerne gewisse Richtlinien und Größen vor, die das Angebot nicht über- oder unterschreiten darf. Es besteht die Gefahr, dass der Berater die Lösungsanforderungen selbst mit entwickelt hat und dadurch nicht mehr ganz objektiv ist. Oder aber er kann aufgrund – oftmals geheimer – Provisionsregelungen nicht wirklich unabhängig entscheiden.
- *Einkäufer:* Der Einkäufer wird häufig nach zusätzlich vereinbarten Prozenten auf Erfolgsbasis honoriert. Er verhandelt in Extremfällen ohne Wissen über Produkte, Anforderungen oder das Preisgefüge mit den Verkäufern nur über Rabatte.

Inhaber und Anwender, Berater und Einkäufer: In vielen Fällen muss ein schriftliches Angebot alle vier überzeugen – und das zur jeweils richtigen Zeit! Das stellt hohe Anforderungen an die äußere Form, an die Aufbereitung der Informationen, an die Sprache, an die Struktur, an die Produkt- und Nutzendarstellung, an die Argumentationsstrategie und an die »Verpackung« des Preises. Was dabei zu berücksichtigen ist, zeigen die folgenden Kapitel.

Kapitel 2

Praxis: Typische Beispiele und Schlussfolgerungen

In diesem Kapitel werden folgende Themen behandelt:

▶ Wie ein Angebot nicht aussehen soll
▶ Checken Sie Ihre Angebote sorgfältig durch

In diesem Kapitel werden zunächst einige fiktive Negativbeispiele vorgestellt. Sie illustrieren, wie ein Angebot nicht aussehen darf, wenn es wirken und überzeugen soll. Dabei werden viele der im vorhergehenden Kapitel behandelten Versäumnisse deutlich, wie beispielsweise die völlig unkommentierte und mit Fachausdrücken überfrachtete Auflistung der Produkteigenschaften im Angebot eines Autohändlers:

Abbildung 4: Angebot eines Autohauses

Angebot vom 15. Dezember 2005 an Herrn Bauer in Musterstadt:

Modell XY, 81 kW
  Serienausstattung:

Außen-/Innenausstattung:

  Fahrer- und Beifahrerairbag
  Seitenairbags vorn
  abschaltbarer Beifahrerairbag
  ABS
  MSR
  EDS

ASR

ESP

MBA

Servolenkung

Wegfahrsperre

Verzurr-Ösen im Kofferraum

[...]

Sicherheit:

höhen- und längeneinstellbares Lenkrad

Pollenfilter

Rücksitzbank 1/3:2/3 geteilt umklappbar

Tankklappenfernentriegelung

elektrische Fensterheber

Climatronic

Multifunktionslenkrad

beheizte Scheibenwaschdüsen

klappbarer Schlüssel

[...]

Elektrik / Funktion:

Stoßfänger in Wagenfarbe

Heckscheibenwischer

klappbare, nicht abnehmbare Dachantenne

Außenspiegelgehäuse in Wagenfarbe

Seitenschutzleisten

[...]

Die Angaben zur Serienausstattung, Lieferumfang, technischen Daten und Material sind unverbindlich. Änderungen vorbehalten. Bei Abweichungen zum derzeit gültigen Lieferprogramm des Herstellers hat dieses Gültigkeit.

Modell XY, 81 kW

Grundpreis ab Werk: 29 582 Euro (ohne Umsatzsteuer)

Ähnlich nüchtern fällt das Angebot eines Lieferanten für Einbauküchen aus, das mit jeder Menge Zahlen aufwartet:

Abbildung 5: Angebot eines Küchenhauses

Angebot

Sehr geehrter Herr Meier,

wir bedanken uns für Ihr Interesse an einer neuen Küche aus unserem Hause. Hier ist unser Angebot. Wir haben uns bemüht, es nach Ihren Vorgaben zu erstellen:

Hersteller: Möbelspezialist
Programm: 286 Laura 198

Position	Anzahl	Beschreibung
1	1	Spülen-Unterschrank 60 cm, 1 Tür, 1 Blende
2	1	Edelstahl-Einbauspüle, glatt, 1 Becken, 1 Restebecken, 3½″ Korbventil, Exzenterbedienung, Ablaufgarnitur, Siphon
3	1	Unterschrank 40 cm, 1 Tür, 1 Einlegeboden
4	1	Innenauszug metallic 40 cm
5	1	Vollauszug-Schienen
6	1	Unterschrank-Passstück 3-20 cm, Frontmaterial Breite 160 mm
7	1	Einbaukühlschrank 186 Liter Kühlen
[...]	[...]	[...]

Dieses Angebot beruht auf Ihren Vorgaben. Sollten Sie inzwischen andere Vorstellungen haben, rufen Sie uns an. Wir bemühen uns dann, ein anderes Angebot zu erstellen.

Selbst bei Produkten, mit denen sich leicht die Emotionen ansprechen lassen, beschränken sich die meisten Unternehmen auf eine Aneinanderreihung der Fakten. Ein Beispiel unter vielen ist das Angebot der Firma Mustermöbel für eine neue Wohnzimmereinrichtung:

Abbildung 6: Angebot eines Möbelhauses

Angebot

Sehr geehrte Frau Neuner,

wir bedanken uns für Ihr Interesse an unseren Programmen für die Wohnzimmereinrichtung. Nach unserem Gespräch in unserem Hause erlauben wir uns, Ihnen folgendes Angebot zu machen:

Position	Anzahl	Beschreibung
1	1	Schreibtischkombination wie Skizze im Anhang in Buche 13
2	1	Regal in Buche 13, Maße 80 / 120 / 40
3	1	Sessel, Bezug beige
4	1	Wohnwand in Buche wie Skizze im Anhang, Maße 260 / 150 / 40

Gesamtpreis: 815,– Euro inkl. Mehrwertsteuer, exklusive Lieferung und Montage. Zahlungsbedingungen: 1/3 bei Auftragserteilung, Rest bei Selbstabholung beziehungsweise Lieferung und Montage. Dieses Angebot gilt bis zum 31. Dezember 2005. Die Lieferzeit beträgt ab Auftragserteilung acht Wochen.

Ganz anders fällt das konkrete Angebot des Unternehmens Musterformenbau aus, das eine zum Kauf motivierende Zusammenstellung der Vorteile folgen lässt:

Abbildung 7: Vorteilsaufstellung eines Bauunternehmens

Reiche Erfahrung!

Unsere Mitarbeiter – wir arbeiten nicht mit Leih-Personal – sind seit durchschnittlich zehn Jahren bei uns beschäftigt. Für Sie bedeutet das: Unsere Mitarbeiter sind außerordentlich erfahren, loyal, leistungsorientiert und arbeiten in eingespielten Teams!

Hochmoderne Ausstattung!

Unsere Maschinen und das technische Equipment sind stets auf dem neuesten technischen Standard. Um hier keine für Sie wichtige Entwicklung zu verpassen, besuchen wir selbstverständlich alle relevanten Messen und Fachveranstaltungen.

Immer für Sie da!

Wir stehen Ihnen 365 Tage im Jahr rund um die Uhr zur Verfügung. Nutzen Sie einfach unsere Hotline! Wir kümmern uns sofort um die Lösung für Ihr Problem.

Hohe Flexibilität

Unsere firmeninterne Organisation der Transportwege ist ganz auf hohe Flexibilität ausgerichtet. Wir liefern selbstverständlich just-in-time!

Wir erledigen das für Sie!

Auf Wunsch versenden wir Ihre Erstmuster zur Freigabe an Ihren Kunden und sprechen gleich eventuell notwendige Korrekturen durch. Ihre Vorteile: weniger Zeitaufwand!

Vor Ort für Sie da!

Unsere geschulten Anwendungstechniker stehen Ihnen von Beginn eines Projektes bis zum Abschluss und auch darüber hinaus zur Verfügung.

Garantierte Qualität

Unser Qualitätsmanagement wurde bei uns im Hause entwickelt und selbstverständlich zertifiziert. Auf der Grundlage ehrgeiziger Normen kontrollieren wir unsere Leistungen über ein genau festgelegtes Ablaufschema. Das macht unsere Qualität messbar und planbar – in Ihrem Interesse!

Wir minimieren Ihre Kosten!

Wir erstellen nicht nur exakt zu Ihren Wünschen passende Angebote, sondern prüfen stets Ihre Vorstellungen auf Einsparpotenziale. Sollten wir solche feststellen, teilen wir sie Ihnen umgehend mit, damit Ihre Kosten bei mindestens gleichbleibender Qualität gesenkt werden können.

Kurze Lieferzeiten

Mit mehreren Konstruktionslinien sind wir in der Lage, die Produktion verschiedener Teile schon vor Konstruktionsende parallel durchführen zu können. Damit erreichen wir eine Verkürzung der Lieferzeit.

Absolute Termintreue

Wir halten jeden Termin, den wir Ihnen zugesagt haben, ein. Garantiert! Ohne wenn und aber!

Wir halten Wort!

Wenn Sie uns einen Auftrag erteilen, schenken Sie uns damit großes Vertrauen. Das werden wir nicht enttäuschen! Wir garantieren Ihnen, unser ganzes Können und Wissen für die Entwicklung, Konstruktion und Fertigung Ihres Auftrages einzusetzen.

Enorm wichtig ist neben dem Angebot selbst auch das Anschreiben. Das Beispiel eines Herstellers für Diagnosegeräte zeigt, wie persönlich und motivierend dieses ausfallen kann:

Abbildung 8: Angebot eines Medizintechnikherstellers

Musterklinik

Frau Dr. Hausen
Musterstraße 2
PLZ Bonn

Sehr geehrte Frau Dr. Hausen,

was halten Sie von einer guten Idee? Sicherlich haben Sie unsere nach dem letzten Gespräch erstellten Alternativangebote für ein Ultraschall-Diagnosegerät bereits gelesen. Auf der einen Seite helfen solche Beschreibungen bei der Suche nach neuen Ideen oder Richtungen. Auf der anderen Seite ist es

– zumindest für mich – oft recht schwierig zu wissen, welche Lösung die richtige ist. Deshalb mein Vorschlag:

Lassen Sie uns doch einen Termin in Ihrem Hause vereinbaren, an dem wir Ihnen die verschiedenen Geräte und ihre Vorteile ausführlich erläutern können. Ihr Vorteil: Sie können sie am künftigen Einsatzort testen und werden feststellen, welches Modell am besten zu den Verhältnissen vor Ort und Ihrem übrigen Equipment passt.

Selbstverständlich können wir vorher noch telefonisch absprechen, welche Varianten grundsätzlich für Sie in Frage kommen. Das erhöht die Effizienz des Termins und verringert den Zeitaufwand für Sie.

Was halten Sie von diesem Vorschlag? Bitte geben Sie mir doch bis zum 17. Juli 2005 Bescheid, ob die Idee für Sie sinnvoll ist beziehungsweise wann ich Sie besuchen darf.

Mit freundlichen Grüßen

Dr. Alexander Eilen

Kapitel 3

Form: Der Weg zum optimalen Entree

In diesem Kapitel werden folgende Themen behandelt:

▶ Ohne perfektes Format läuft nichts
▶ Mit Symbolen, Bildern und Farben punkten
▶ Wie wichtig ein Geschäftsbrief ist
▶ Wie eine optimale Präsentation funktioniert

Was ist von einem Restaurant zu halten, das hochwertige Menüs anbietet, diese jedoch von Kellnern in fleckigen Jeans und auf billigem Geschirr servieren lässt? Die meisten Gäste werden nicht bereit sein, die hohen Preise hierfür zu zahlen. Zwar wären die exquisiten Zutaten und die kreative Zubereitung durchaus einen tiefen Griff ins Portemonnaie wert, doch das Auge isst auch mit – und das fühlt sich in diesem Restaurant beleidigt.

Was im Beispiel der Gastronomie Dinge wie die ansprechende Kleidung der Angestellten oder die Qualität der Tischwäsche sind, das sind in schriftlichen Angeboten die formalen Grundlagen der Darstellung. Was nützt denn das beste Angebot, wenn es schon wegen fehlender äußerlicher Attraktivität vorab beim potenziellen Kunden aus der engeren Wahl fällt? Und wie weit kommt ein Angebot, das aufgrund von Fachausdrücken oder Fremdwörtern für Entscheider unverständlich ist? Um das zu verhindern, sollten Unternehmen folgende Punkte beachten:

- Der erste Eindruck zählt!
- Die Aussagekraft der Sprache nutzen!
- Fremdwörter und Fachbegriffe richtig verwenden!
- Eigenschaften benennen!
- Mit Emotionalität aktivieren!
- Alleinstellungsmerkmal durch Andersartigkeit schaffen!
- Den Erfolg nicht dem Zufall überlassen!

Gebunden, geheftet oder geklammert?

Ob bei der Partnerwahl, beim Autokauf oder bei der Entscheidung für einen Versicherungsmakler: Wer ist gegen Äußerlichkeiten immun? Auch wenn wir nichts von scheinbar Oberflächlichem abhängig machen wollen, lassen wir uns stark von der Art der Gestaltung und dem optischen Erscheinungsbild beeinflussen. Der erste Eindruck zählt, und »die Liebe zum Angebot beweist die Liebe zum Kunden«[18]. So sollte auch bei Angeboten der erste Eindruck positiv sein. Selbstverständlichkeiten wie die Beachtung der aktuellen Rechtschreibung und die Einhaltung der Richtlinien für die Gestaltung von Geschäftsbriefen sind dafür lediglich eine notwendige, aber keine hinreichende Bedingung, wie der Mathematiker sagen würde. Checkliste 1 zeigt, was zu beachten ist:

☑ Checkliste 1: Der äußere Eindruck

○ Verwenden Sie ein Deckblatt!

○ Erstellen Sie für längere Angebote ein Inhaltsverzeichnis!

○ Halten Sie sich an Ihre Corporate Identity!

○ Halten Sie sich an Ihr Corporate Design!

○ Verwenden Sie einen hochwertigen Ordner oder eine gute Bindung!

○ Verwenden Sie ein hochwertiges oder ein individuelles Format!

○ Verwenden Sie eine hochwertige Papierqualität!

○ Fügen Sie Visitenkarten der Ansprechpartner bei (zum Beispiel im eingeklebten Täschchen)!

○ Senden Sie einen individuellen Begleitbrief mit!

○ Schaffen Sie Ihrem Kunden die Möglichkeit zur einfachen Rückmeldung (zum Beispiel durch ein Faxantwortblatt)!

Viele Angebote haben sich in den letzten Jahren kaum den neuen Möglichkeiten angepasst. Stattdessen werden sie oft nach dem Motto erstellt: »Das haben wir schon immer so gemacht«. Wer diese Einstellung über Bord wirft und die äußere Gestaltung seiner Angebote komplett überarbeitet, der hat gute Chancen, seinen Mitbewerbern ein Stück weit voraus zu sein.

Kurzer Knigge für den Geschäftsbrief

Wie die Begrüßung im Restaurant für den Gast, so ist der Begleitbrief eines Angebotes für den Kunden das wohl wichtigste Kriterium für den ersten Eindruck. Auch wenn hier inhaltliche Kreativität durchaus angebracht sein kann, sollte doch die äußere Form der Norm, genauer der DIN 5008, entsprechen. Danach ist ein Geschäftsbrief wie folgender Musterbrief aufgebaut:

Abbildung 9: Geschäftsbrief (Muster)

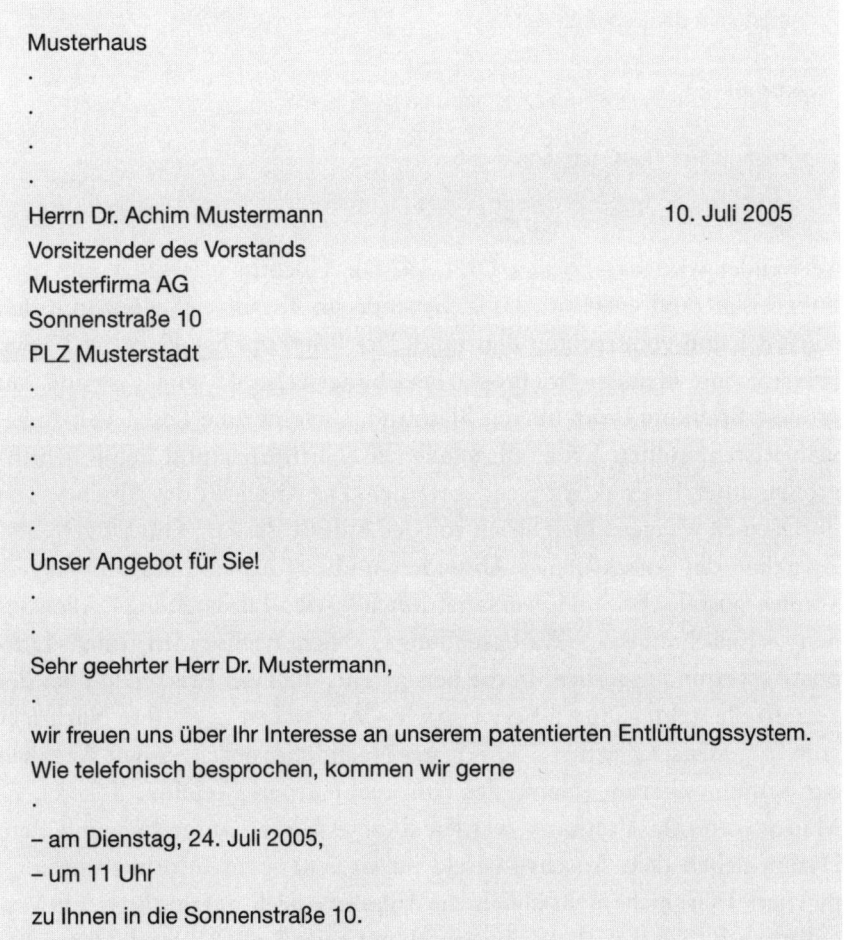

Musterhaus
.
.
.
.

Herrn Dr. Achim Mustermann   10. Juli 2005
Vorsitzender des Vorstands
Musterfirma AG
Sonnenstraße 10
PLZ Musterstadt
.
.
.
.
.

Unser Angebot für Sie!
.

Sehr geehrter Herr Dr. Mustermann,
.

wir freuen uns über Ihr Interesse an unserem patentierten Entlüftungssystem. Wie telefonisch besprochen, kommen wir gerne
.

– am Dienstag, 24. Juli 2005,
– um 11 Uhr

zu Ihnen in die Sonnenstraße 10.

Wie von Ihnen gewünscht, ... Sollten Sie vor dem 24. Juli
noch Fragen oder Wünsche haben, bin ich gerne jederzeit für Sie da. Bitte rufen
Sie mich einfach unter der Nummer [...] an.

Mit freundlichen Grüßen

Entlüftungstechnik GmbH

Birgit Sander
Assistentin der Geschäftsleitung

Anlage

((Brieffuß (Feld für Geschäftsangaben))

Verwendet wird das Format DIN A4. Die Fluchtlinie ist 24,1 mm vom
linken Blattrand entfernt, das Zeilenende im Textbereich 46,2 mm und
sonst 8,1 mm vom rechten Blattrand. Der Briefkopf hat Platz bis 27 mm
(Version mit kleinem Briefkopf) beziehungsweise 45 mm (Version mit
großem Briefkopf) vom oberen Blattrand. Um eine gute Lesbarkeit zu ge-
währleisten, sollten keine ausgefallenen Schriftarten und keine Schrift-
größen unter 10 Punkt verwendet werden. Die Anschrift des Absenders ist
durch einen waagerechten Strich von der Adresse des Empfängers getrennt.
Zwischen der Anschrift des Absenders und der Adresse des Empfängers
können postalische Sonderversandformen – wie »Eilzustellung«, »Persönlich«, »Einschreiben«, »Warensendung«, »Nicht nachsenden« oder »Luft-
post« – vermerkt werden. In die Bezugszeile, die zwei Leerzeilen über der
Betreffzeile steht, gehören Verweise wie »Ihr Zeichen ...«, »Ihre Nachricht
vom ...«, »Unser Zeichen ...«, »Unsere Nachricht vom ...« sowie Angaben
zur Kommunikation (Name des Ansprechpartners, Telefon, Telefax, E-
Mail et cetera). Alternativ werden diese Angaben zusammen mit dem
Datum neben dem Anschriftenfeld im so genannten Informationsblock
platziert. Es ist nicht mehr üblich, die Anlagen einzeln aufzuführen. Ein Ver-
teilvermerk folgt dem Anlagenvermerk mit einer Zeile Abstand. Hervorhe-

bungen im Text sind durch andere Schriftarten, andere Schriftschnitte oder Einrückungen möglich. Der Brieffuß gibt Raum für Daten zum Unternehmen, zu denen der Handelsregistereintrag, die Bankverbindungen und der Geschäftsführer zählen.

Farbe, Bilder und Symbole gezielt einsetzen

Eine Position zwischen den erwähnten Äußerlichkeiten und den inhaltlichen Kriterien nehmen die visuellen Darstellungsformen ein, mit deren Hilfe Informationen sowie Botschaften transportiert werden können. Farben, Bilder und Symbole ziehen schnell die Aufmerksamkeit auf sich, werden aber nicht in so kurzer Zeit bewertet wie das Vorhandensein eines Deckblatts oder eines individuellen Anschreibens.

Beispiel Farbigkeit: Hätte die Kuh von Milka die gleiche Aufmerksamkeit erregt, wenn sie nicht im lila Outfit, sondern wie eine x-beliebige Kuh in »klassischem« Braunweiß aufgetreten wäre? Wohl kaum. Die Farbgebung der Milka-Schokolade und die Übertragung dieser Farbe auf die Kuh sind vermutlich die entscheidenden Faktoren für den hohen Bekanntheitsgrad dieses Produktes und die positiven Gefühle, die es auslöst. Das sagt auch Stefan Melzer: »Die verwendete Farbe spielt bei Angeboten eine entscheidende Rolle. Dabei muss gar nicht das ganze Angebot in Farbe sein. Herausragende Farbakzente lassen das Angebot schon hervorstechen und tragen damit einen Teil dazu bei, aus einer größeren Menge von Angeboten in die engere Wahl zu kommen. Dies ist ein Grund, warum Briefbögen oder Angebote oftmals rechts am Rand oder rechts unten eine zusätzliche Farbe tragen, damit diese in den Leitz-Ordnern schneller identifiziert werden.«[19]

Bunte Gegenstände ziehen mit größerer Wahrscheinlichkeit Aufmerksamkeit auf sich als schwarzweiße. Allerdings ist nicht die Buntheit an sich entscheidend, sondern in erster Linie der Kontrasteffekt. Farben steigern die Aufmerksamkeit also nicht primär deshalb, weil sie – sparsam eingesetzt – Kontraste verstärken können. Das bedeutet auch: Je bunter eine Anzeige ist, umso schlechter können beispielsweise Umrisse wahrgenommen werden und desto schwieriger ist eine deutliche Gliederung in Figur und Hintergrund. Eine Schwarzweiß-Kopie macht die tatsächlichen Kontraste sichtbar.

Alternativ kann eine Werbeanzeige von einem einzigen Farbton dominiert werden. Dieses Gestaltungsprinzip liegt mehr als zwei Dritteln aller Werbespots zugrunde.[20]

Vielleicht noch aussagekräftiger als Farben sind Bilder, wie dies schon die Weisheit »Ein Bild sagt mehr als tausend Worte« ausdrückt. »Wie erklären Sie Ihrem Geschäftspartner im Ausland den Begriff ›Funkenmariechen?‹«[21] war der Werbeslogan des Unternehmens NEC, den dieses zur Zeit der Einführung der ersten Faxgeräte in Deutschland mit dem Bild eines Funkenmariechens illustrierte. Zu jener Zeit waren die Märkte noch nicht von einer Sättigung und dem damit verbundenen Verdrängungswettbewerb geprägt. Es ging darum, erst einmal den Bedarf für ein Gerät zu schaffen, von dessen Nutzen die potenziellen Kunden noch nicht überzeugt waren.

Dies ist bereits zuvor bei vielen Innovationen der Fall gewesen, wie das Zitat zur Einführung des Telefons beweist: »Was soll unsere Gesellschaft mit elektrischem Spielzeug anfangen?«[22] Einige Jahre später hatte der Verdrängungswettbewerb die Gewinner und Verlierer der Marktanteile »produziert«. Die Gewinner waren in der Regel die Unternehmen, die schon im Vorfeld den Bedarf am besten bewusst machen und verdeutlichen konnten. Besonders gut funktionierte das mit dem Funkenmariechen, das für die Aussagekraft der Bilder stand. Ein Bild sagt eben tatsächlich mehr als tausend Worte. Dennoch nutzen viele Unternehmen die Verwendung von visuellen Mitteln in Angeboten kaum oder zumindest nicht im möglichen Umfang.

Möglichkeiten für Bilder oder visuelle Darstellungen in Angeboten sind:

- Ablaufschemata,
- Datenblätter,
- Filialen- und Servicestellen-Übersicht,
- Flugaufnahmen,
- Fotos,
- Grafiken,
- Inseratbeispiele,
- Kurven und Diagramme,
- mikroskopische Aufnahmen,
- Organisationsschemata (interne Zuständigkeit),
- Pläne,
- Prospekt (Sammel- und Spezialprospekte),

- Prüfberichte von Teststellen/-Organisationen,
- Referenzanlagen,
- Referenzlisten,
- Skizzen,
- technische Bilder,
- Aufstellung einer Vorteil-Nachteil-Bilanz,
- Wirtschaftlichkeitsberechnungen,
- Zeichnungen.

An einem Beispiel soll gezeigt werden, welche positiven Auswirkungen bereits eine einzige bildliche Darstellung haben kann beziehungsweise welche negativen Folgen ihr Fehlen verursacht.

Bei der Analyse eines Fensterherstellers, nennen wir ihn Musterfenster, fiel Folgendes auf: In den Monaten vor der Untersuchung gingen viele Kunden an einen bestimmten Wettbewerber verloren, ohne dass es gravierende Marktveränderungen gegeben hatte. Allerdings waren die Angebote des Wettbewerbers seit eben dieser Zeit mit Grafiken ausgestattet, die ein Fenster mit allen Besonderheiten zeigten. Die Zielgruppe des Unternehmens Musterfenster waren in der Regel private Bauherren, die wenig Erfahrung mit dem Hausbau und mit dem Kauf von Fenstern hatten. Darum zogen sie Angebote mit Bildern und verständlichen Darstellungen der Fenster denjenigen Angeboten vor, die lediglich aus Texten wie »Fenster, DIN, 75 cm x 60 cm, re. anschl.« bestanden. Die wenigsten Kunden konnten die Abkürzung »re. anschl.« mit »rechts-anschlägig« übersetzen. In den Angeboten des Wettbewerbers gelang ihnen das ohne Probleme, weil hier das Fenster inklusive Anschlag bildlich dargestellt wurde.

Eine weitere Form der visuellen Aufladung eines Angebotes sind Symbole, die unter anderem die Kompetenz eines Unternehmens unterstreichen können. Sie werden beispielsweise zur Unterstreichung der Branchenzuordnung eines Leistungsanbieters genutzt:

- Ein Anbieter von Verkaufstrainings druckt in seinen Angeboten und Handbüchern für die Pharmazie neben die Seitenzahl stets ein kleines Stethoskop. Ziel: Der Kunde soll eine branchenspezifische Kompetenz vermuten.
- Ein Berater der Werbemittelindustrie druckt kleine Kugelschreiber als Erkennungsmerkmal.

- Ein Bauunternehmen für Gewerbeimmobilien druckt bei öffentlichen Aufträgen immer das jeweilige Stadtwappen ab – und signalisiert damit seine Verbundenheit mit der entsprechenden Stadt.
- Ein Schreibbüro fügt in seine Angebote häufig kleine Bücher als Grafik ein. Botschaft: Unsere Arbeiten werden druckreif abgegeben.

Auch für eine detaillierte Darstellung von Zusatzleistungen, die ein Anbieter seinen Mitbewerbern voraushat, eignen sich visuell orientierte Formen. So ergab eine Umfrage zur Verkaufsentwicklung unter den Teilnehmern der jährlichen Versammlung der WVAO, der Wissenschaftlichen Vereinigung für Augenoptik und Optometrie, im Jahr 2002 eine einheitliche Aussage. Formuliert wurde sie vom Geschäftsführer der WVAO, Rechtsanwalt Hartmut Glaser: »Unsere Kunden wollen immer mehr um Rabatte feilschen und vergleichen unseren Brillenpreis (inklusive einiger Zusatzleistungen) oftmals mit dem Brillenpreis eines Günstiganbieters. Dabei bringen wir einiges an Mehrleistungen gegenüber unserem Wettbewerber. So machen wir eine wesentlich genauere und differenzierte Untersuchung der Augen und prüfen außerdem noch zusätzliche gesundheitliche Faktoren.«[23] Die Frage: »Wissen die Kunden denn, welche Leistungen Sie zusätzlich erbringen?« wurde allerdings mit »wahrscheinlich kaum« beantwortet!

Der Lösungsvorschlag für dieses Kommunikationsdefizit war, die zusätzlichen Beratungsleistungen und Untersuchungsschritte in einem Poster zu dokumentieren und so für den Kunden sichtbar zu machen. Titel der Darstellung: »Unsere Leistungen auf Ihrem Weg zur neuen Brille.« Die Umsetzung dieses Vorschlags erbrachte außerordentlich positive Ergebnisse:

- Die Kunden waren sehr interessiert daran, diese Prozessdarstellung kennen zu lernen.
- Den meisten Kunden konnte das Spektrum der Leistungen nun bewusster gemacht werden.
- Die Optiker berichteten, dass die Preisverhandlungen mit den Kunden leichter fielen, wenn diese die Prozessdarstellung kannten. Außerdem äußerten diese Kunden seltener den Wunsch nach Preisreduktionen als diejenigen, die das Poster nicht gesehen hatten.
- Die Kunden waren nicht immer in der Lage, alle Schritte in der Prozessbeschreibung nachzuvollziehen. Die von den Optikern beobachtete leichtere Durchsetzbarkeit der Preise war jedoch davon unabhängig.

Abbildung 10: Dokumentation der Prozessdarstellung in einem Trainingsunternehmen

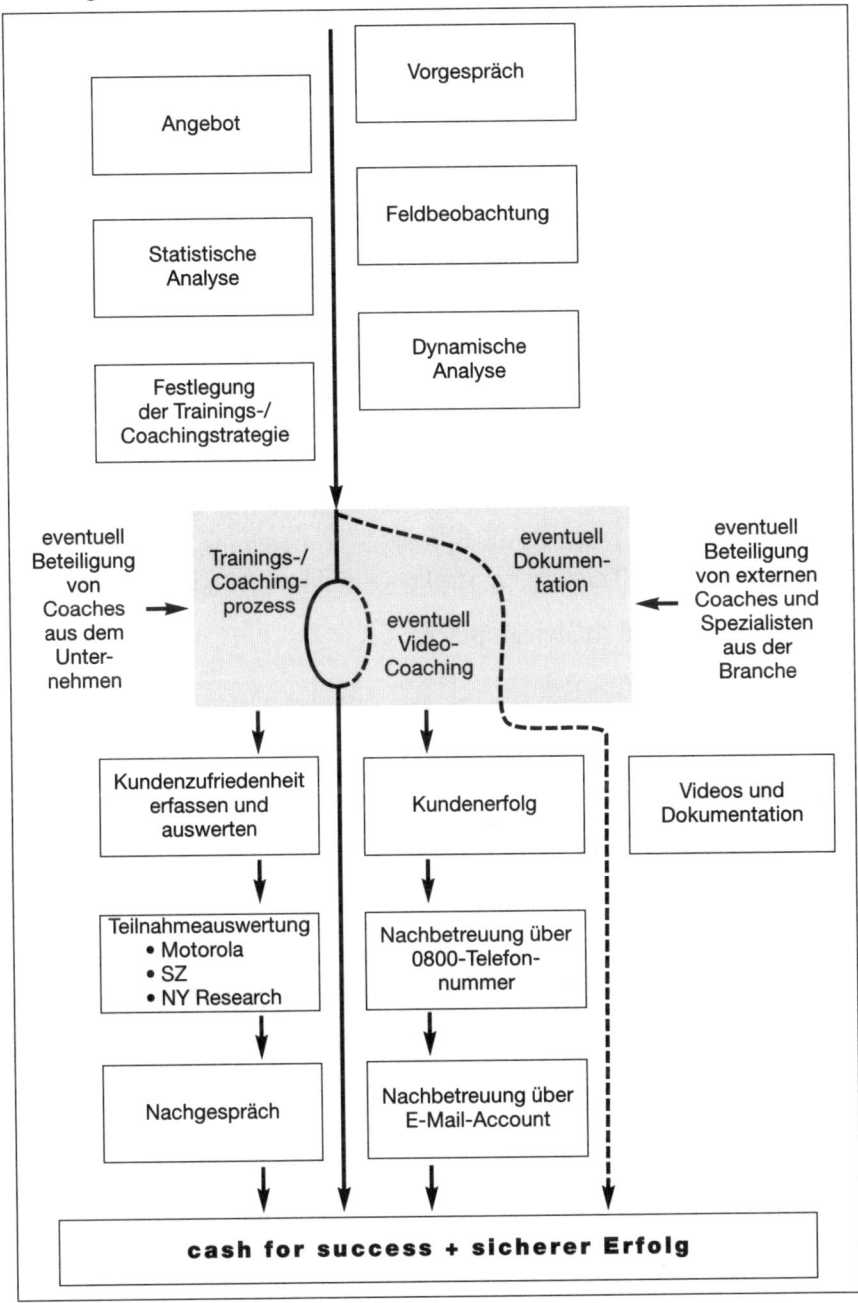

- Sogar die Kunden, welche die Beschreibung nicht oder nicht ganz verstanden hatten, kamen zur positiven Kaufentscheidung. Die Geschäfte erhielten auf Befragen sinngemäß meist folgende Antwort: »Nun habe ich zwar nicht genau verstanden, was Sie da alles machen, dennoch hat mich die Fülle an Informationen und die Sorgfalt der Leistungen überzeugt.«

Die Lösung mit den Postern zur Darstellung aller Leistungen ist eine in vielen Fällen wirksamere Variante als die Auflistung in Tabellenform. Sie kann selbstverständlich auch in schriftliche Angebote integriert sowie auf andere Branchen übertragen werden, wie das Beispiel einer Bekannten der Trainingsorganisation zeigt. Diese wollte für ihre Trainingstage einen höheren Preis am Markt durchsetzen. Da die Kunden lediglich die sichtbare Leistung, nämlich lediglich den Trainingstag selbst, wahrnahmen, entwickelte sich folgendes Vorurteil: »Sie verlangen ja ganz schön viel Geld für einen einzigen Tag.« Erst ein spezielles Diagramm zum Gesamtleistungsumfang machte den Kunden deutlich, welche Vorbereitung und Nacharbeit hinter diesem einen Trainingstag steckte (Abbildung 10). Dazu gehörten:

- Zielsetzungs- und Analysegespräch,
- Vorbereitungstag,
- Feldbeobachtung,
- Planung und Ausarbeitung des Tages,
- Lizenzgebühren für Beispiele und Rechte,
- Erfolgskontrolle,
- Nachbetreuung,
- Nachbereitung.

Die Dokumentation dieser umfangreichen Leistungen in einer Prozessdarstellung unterstützte die Wertschätzung des Leistungsspektrums.

An die DIN halten oder nicht?

Zu Beginn dieses Kapitels haben wir die große Bedeutung der äußeren Form hervorgehoben. Aber nicht immer müssen sich Angebote hinsichtlich Format, Papierwahl und Co. wie ein Ei dem anderen gleichen. Bei vielen Offerten passen kreative, auf den Inhalt zugeschnittene Darstellungsformen besser. Warum zum Beispiel nicht mal ein Scheckheft gestalten, wie es ein Fitnesscenter XY aus Nordrhein-Westfalen getan hat? Das Unternehmen litt unter zahlreichen neuen Wettbewerbern in seinem Einzugsbereich, die in der Regel großen, preisaggressiv vorgehenden Ketten angehörten. Sie überschwemmten den Markt mit extrem günstigen Preisen, für die sie insbesondere in Zeitungsanzeigen warben. Zwar kamen nach wie vor viele Kunden ins Fitnesscenter XY – doch zumeist ließen sie sich bloß Angebotsblätter geben und buchten dann später bei den günstigeren Fitnessstudios. XY bot im Gegensatz zu den anderen Studios eine Fülle von Zusatzleistungen an, die von der Trinkflasche bis zum Solariumgutschein reichten und alle im Preis enthalten waren. Das Problem: Obwohl die Kunden diese »Bonbons« automatisch mit ihrer Unterschrift erwarben, hatten sie von diesen Extras meist keine Ahnung. Damit wurde der Preis zum einzigen Unterscheidungskriterium, und die meisten Kunden wählten einen der scheinbar günstigeren Wettbewerber.

Das Fitnesscenter XY stand damit vor der Aufgabe, eine neue Angebotsform zu finden. Ziel war es, alle Leistungen so darzustellen, dass sie der Kunde auf einfache Art und Weise wahrnehmen konnte. Nur so würden diese Boni die gebührende Wertschätzung erfahren und die Kunden motivieren, einen höheren Preis als bei den »Discount«-Studios zu zahlen. Als Lösung wurde ein Scheckheft entwickelt, das mehrere Teile enthielt:

- Leistungen, die mit dem Abonnement gekauft werden,
- Leistungen, die zusätzlich geschenkt werden,
- Leistungen, die zusätzlich gekauft werden können,
- Informationen.

Das Besondere an dieser Sache war der Druck des Scheckhefts in zwei Varianten: als »scharfes«, gültiges Scheckheft sowie als »unscharfes«, mit einem Musterstempel versehenes Scheckheft. Jeder Interessent bekam als Angebot das Beitrittsformular und zusätzlich ein Musterscheckheft, aus dem er all die einzelnen angebotenen Leistungen ersehen konnte. Im Fall einer konkreten Anmeldung wurde das Musterscheckheft gegen ein gültiges und aktiviertes Scheckheft ausgetauscht. Das führte zu einem positiven Neustart des Unternehmens, und die Wahrnehmung der Leistungen des Fitnesscenters XY hat sich im Vergleich zu den anderen Fitnessstudios deutlich verbessert. Als Ergebnisse können sowohl eine Zunahme der Kunden als auch eine leichtere Durchsetzbarkeit der Preise verbucht werden.

Und was enthält nun dieses Scheckheft konkret? Die Antwort darauf ist keineswegs nur für Besitzer von Fitnessstudios interessant, denn die Inhalte des nicht DIN-konformen Angebotes lassen sich leicht auf andere Branchen übertragen:

- Abrufformular für den wöchentlichen Newsletter gegen den inneren Schweinehund und zur Trainingsmotivation,
- Abrufformular für den Tagestipp,
- Abrufformular für den regulären monatlichen Newsletter mit Tipps und Informationen,
- Aerobic-Trainingsstunde,
- vergünstigter Eintritt zur Beachvolleyball-Party,
- Bestellmöglichkeit für Zubehör,
- Buchlisten mit Bestellmöglichkeit,
- Spinning-Rad-Ticket,
- Drink an der Theke,
- Einladung zur Tae-Bo-Schnupperstunde,
- Einladung zur Warm-up-Party,
- Fitness-Test-Ticket,
- Fitnessriegel-Gutschein,
- Formular für neue Adresse,
- Glühweingutschein bei der Weihnachtsfeier,
- Gutschein für Gäste-Ticket,
- Gutschein für Kinderbetreuung,
- Gutschein für Pulsberatung,
- Gutschein für Sonnenstudio,
- Gutschein für Trinkflasche,
- Gutschein für T-Shirt,
- Hinweis auf Internetseite,
- Membership-Karte,
- Passwort für Download vom Internet für Fitnesstipps,
- Personal-Training-Ticket,
- persönlicher Trainingsplanerstellungs-Gutschein,
- Vergünstigung für Gruppentraining,
- Vergünstigungen für Produkte aus anderen Unternehmen,
- Vergünstigungen für Produkte aus dem eigenen Unternehmen,
- wichtige Telefonnummern und Anmeldeformulare für Veranstaltungen.

Noch weiter von der DIN entfernt sind andere Darstellungsformen für Angebote, die selbst in klassischen Werbemedien oder in Verkaufsprozessen viel zu wenig berücksichtigt werden. Gemeint ist die Verdeutlichung der einzelnen Stufen der Leistungserbringung in Showrooms und neuartigen Fertigungsstätten, wie zum Beispiel in der »Gläsernen Fabrik« des VW-Konzerns in Dresden. Hier wird dem Kunden die gesamte Entstehungskette des Produkts aufgezeigt, was nicht nur der passionierte Autofan in der Regel mit Respekt und Wertschätzung quittiert. In der Angebotserstellung verzichten dennoch die meisten Unternehmen auf ein der Gläsernen Fabrik ähnliches Instrument. Dabei unterstützen die nutzen- und stark visuell orientierten Darstellungen das tägliche Geschäft und stärken die Angebote mit der beabsichtigten Wirkung.

Gut auf den Weg gebracht: senden, abgeben oder präsentieren?

Die Frage nach der Norm stellt sich auch bei der Entscheidung, wie die Angebote auf den Weg zum Kunden gebracht werden sollten. Viele werden per Post geschickt – vor allem aus Zeitgründen, und wenn größere Entfernungen zwischen Anbieter und Kunde liegen. Sind beide Unternehmen am selben Ort beheimatet oder nicht allzu weit voneinander entfernt, so ist auch die persönliche Abgabe eine Alternative. Die zumindest bei Angeboten mit großem Auftragsvolumen beste Möglichkeit – sofern wirtschaftlich vertretbar – ist jedoch die Live-Präsentation, die zumeist im Hause des Kunden stattfindet. Damit eine solche Vorführung gelingt, gilt es, einige Regeln zu beachten (siehe Checkliste 2).

Checkliste 2: Wie Ihre Präsentation gelingt

1. Investieren Sie ausreichend Zeit in die *Vorbereitung*!
2. Wählen Sie einen Ort und einen Zeitpunkt, die möglichst *wenig Störungen* erwarten lassen!
3. Platzieren Sie den Kunden so, dass er eine gute Sicht auf Flipchart, Leinwand oder Monitor hat!

4. Sorgen Sie für *bequeme Sitzplätze* für alle Beteiligten!

5. Präsentieren Sie mit *klarer Struktur* und *rotem Faden*!

6. Stellen Sie Ihre Angebote *wertbewusst* dar!

7. Sprechen Sie *deutlich*, nicht zu schnell und nicht zu langsam!

8. Sprechen Sie nicht zu viel, sondern *zeigen* Sie dafür mehr, ohne jedoch den Virtuosen zu spielen!

9. Setzen Sie *Schwerpunkte* und heben Sie *Schlüsselaspekte* heraus!

10. Nutzen Sie *Vergleiche* und gute *Beispiele*, um Ihre Angebote anschaulich zu machen!

11. *Beobachten* Sie die Reaktion Ihres Kunden und gehen Sie darauf ein!

12. *Erläutern* Sie komplizierte Zusammenhänge mehrfach!

13. Vermeiden Sie zu starke Konzentration auf technische Aspekte und beziehen Sie auch *wirtschaftliche Pluspunkte* ein!

14. Nutzen Sie *offene Fragen* (nicht nur mit »ja« oder »nein« zu beantworten), um den Zuschauenden zu aktivieren!

15. Stellen Sie *Kontrollfragen*, um zu prüfen, ob Erklärungen verstanden wurden und der Kunde Ihre Argumente akzeptiert (zum Beispiel: »Was halten Sie davon?«, »Wie gefällt Ihnen das?« oder »Einfach, nicht?«)!

16. Lassen Sie den Kunden – wenn möglich – selbst etwas *ausprobieren* – und loben Sie ihn, wenn ihm etwas gelingt!

17. Zeigen Sie *Humor*, denn mit sturem Ernst hat noch niemand begeistert!

18. Erwähnen Sie niemals Ihre Wettbewerber, es sei denn, der Kunde fragt danach!

19. Berücksichtigen Sie die spezielle Situation, die *besonderen Bedürfnisse* und die konkreten Anforderungen des *Kunden*!

20. *Leiten* Sie die Präsentation und das Gespräch, also überlassen Sie niemals die Initiative einseitig dem Kunden!

21. Fassen Sie am Schluss der Vorführung das Wesentliche kurz *zusammen* und stellen Sie die *Abschlussfrage*: »Was halten Sie davon?«

Selbstverständlich erschöpfen diese Richtlinien das Thema Präsentation keineswegs. Ein wichtiger, hier nur kurz erwähnter Punkt ist beispielsweise die Sprache. Welche sprachlichen Stolpersteine und Erfolgsstrategien für ein schriftliches Angebot gelten, ist Thema des folgenden Kapitels und gilt auch für die Sprache bei einer Präsentation.

Kapitel 4

Sprache: Ganz einfach zu mehr Erfolg

In diesem Kapitel werden folgende Themen behandelt:

▶ Die Sprache beim Wort nehmen
▶ Transportmittel Sprache
▶ Auf Klarheit und Verständlichkeit kommt es an
▶ Die enorme Wirkung der Andersartigkeit

»Eigentlich hat dieses Beleuchtungssystem keine Nachteile. Man könnte damit Energie sparen und zusätzlich die Helligkeit an den Arbeitsplätzen bei den Maschinen erhöhen, wodurch eventuell weniger Unfälle passieren würden. Prinzipiell ließe es sich auch in anderen Bereichen des Unternehmens einsetzen, was die Gesamtrechnung für Strom eventuell ziemlich reduzieren würde. Möglicherweise sind die Leuchten sogar billiger als die jetzt eingesetzten.« – Ein Verkäufer, der sein innovatives System aus Energiesparlampen so zu verkaufen versucht, wird manchmal Erfolg haben, oftmals aber auch ein »das brauchen wir nicht« zu hören bekommen und wohl kaum jemals auf echte Begeisterung stoßen. Warum reagieren seine potenziellen Kunden allenfalls mit einem müden »na, dann testen wir das eben mal«? Der Grund: Seine Sprache ist nicht überzeugend. Sie steckt voller Einschränkungen und Möglichkeitsfloskeln, ist passiv und unpersönlich. Damit fühlt sich kein Kunde zum Kauf motiviert, obwohl das Angebot nur Vorteile hat, nämlich kostengünstiger in der Anschaffung, energiesparender beim Gebrauch und effizienter bei der Lichtausbeute ist.

Was für das Gespräch eines Herstellers von Lampen für den Industriebedarf mit einem Kunden gilt, ist ebenso bei schriftlichen Angeboten in allen Branchen relevant: Worte sind keinesfalls nur Schall und Rauch. Sie transportieren direkte und unterschwellige Botschaften, erzeugen Abwehrreflexe und Widerspruchsgeist oder positive Stimmungen und Sympathie. Sie verstärken Zweifel oder räumen die letzten aus, langweilen oder machen neugierig. Das Geheimnis liegt in der Wahl der Wörter, aber auch in der Struktur und Länge der Sätze, der geschickten Verwendung von Fragen und der Vermeidung von Floskeln.

Wird statt würde oder die »Farbe« der Wörter

In zahlreichen Angeboten wird eine Vielzahl von Wörtern verwendet, die entweder völlig wirkungslos bleiben oder sich sogar als Antiwörter herausstellen. Damit sind Wörter gemeint, welche die gewollte Aussage nicht unterstützen, sondern abschwächen oder sogar ins Gegenteil verkehren. Eine fatale Konsequenz – zumal dann, wenn die Wörter in schriftlicher Form daherkommen, also ihr Urheber nicht die Möglichkeit hat, im Gespräch einiges klarzustellen sowie negative Eindrücke wieder in positive umzuwandeln. So wie die Farben eines Raumes oder eines Bildes in spezifischer Weise wirken, Blau beispielsweise kühle Sachlichkeit ausstrahlt und Gelb die Stimmung hebt, so haben auch Wörter eine »Farbigkeit«.

Nehmen wir zum Beispiel das Wort »eigentlich«. Seine Verwendung signalisiert, dass der Sprecher oder Schreiber nicht hundertprozentig hinter seiner Aussage steht, sondern sich Einschränkungen vorbehält. Die Versicherung »Unser Leistungsspektrum umfasst eigentlich alle Punkte« ruft beim Adressaten automatisch den Verdacht hervor, das Angebot könne bestimmte Anforderungen nicht erfüllen. Die Folge ist eine Abwehrhaltung oder zumindest Skepsis – auch dann, wenn der Verdacht unbegründet ist und das Angebot tatsächlich in allen Details den Wünschen des Kunden entspricht. Denn das einschränkende »eigentlich« ist selten vom Verwender einschränkend gemeint. Viele sagen oder schreiben »eigentlich«, wollen damit aber keineswegs einen Mangel oder eine Unvollkommenheit ihres Angebotes ausdrücken. Die Lösung ist simpel: »Eigentlich« ersatzlos streichen!

Ein weiteres Beispiel ist das Wort »man«. Es ist nicht nur sehr schwammig, sondern widerspricht gleichzeitig den Grundlagen der Verkaufspsychologie. Diese schreibt der Personifizierung von Aussagen und Botschaften eine Potenzierung der positiven Wirkung zu. Anstelle des Wortes »man« sollten deshalb die Wörter »du«, »ich« und »Sie« oder – noch besser – die Anrede mit Namen des Gegenübers verwendet werden.

Beispiel: »Mit dieser Software kann man gesprochene Wörter direkt in einen Text in Word umwandeln« bleibt unpersönlich. Der Empfänger der Botschaft fühlt sich nicht angesprochen. Er nimmt zwar die Leistung rational zur Kenntnis, doch er registriert keinen für ihn persönlich relevanten Vorteil. Ganz anders wirkt der Satz, wenn nur zwei Wörter geändert werden: »Mit dieser Software können Sie gesprochene Wörter direkt in einen Text in Word umwandeln« ist eine personifizierte Botschaft, die der Adressat auf sich bezieht. Noch verstärken lässt sich diese Wirkung durch eine doppelte direkte Ansprache (Mehrfachpersonifizierung): »Mit dieser Software können Sie gesprochene Wörter direkt in *Ihren* Text in Word umwandeln.« Nun erkennt der Angesprochene den Vorteil für sich stärker, weil es offenbar um seinen und nicht um irgendeinen Text geht.

»Eigentlich« und »man« sind nur Teil einer Liste von Wörtern, die es zu vermeiden gilt. Dazu gehören auch alle Konjunktive wie »könnte«, »sollte« und »müsste«. Umgewandelt in Indikative, also in eine proaktive Sprache, wirken sie erheblich besser. Tabelle 2 gibt eine Übersicht zu den wichtigsten Antiwörtern und den weitaus sinnvolleren Alternativen.

Eine überzeugende Kommunikation zeichnet sich laut Ingo Vogel dadurch aus, dass sie positiv, eindeutig, zielorientiert und somit erfolgreich ist. »Allen Beteiligten verleiht sie ein gutes Gefühl, vermittelt Klarheit, Souveränität und gegenseitigen Respekt.« Vogel gibt dazu eine Reihe von Tipps[24]:

Checkliste 3: Positive Kommunikation

1. *Sagen Sie »und« statt »aber«!* Beispiel: »Also, das haben Sie schon gut gemacht, und wenn Sie ...« statt »Ja, das ist gut, aber Sie sollten ...«. Denn: Ein »aber« macht alles zunichte, was zuvor gesagt wurde.

2. *Sagen Sie »und« statt »trotzdem«!* Beispiel: »Ich verstehe, dass Sie sich nicht gleich entscheiden, und darum werden wir ...« statt »Ich verstehe, dass Sie sich nicht gleich entscheiden wollen, trotzdem wäre ...«. Denn: »Trotzdem« sagt aus, dass es einem egal ist, welche Wünsche, Erwartungen, Zweifel oder Fragen der Gesprächspartner hat.

3. *Benutzen Sie »dafür« anstelle von »dagegen«!* Beispiel: »Ich werde etwas für meine Ausgeglichenheit tun« statt »Ich muss etwas gegen meine Nervosität tun«.

Tabelle 2: Welche Worte wirken[25]

Worte, die Worte bleiben	Worte, die wirken
man	du, Sie, er, ich, Ihnen, Name
eigentlich	wirklich (oder ersatzlos streichen)
Konkurrenz	Wettbewerb
ich würde	ich werde
ich könnte	ich kann
aber	und, jedoch, obwohl
alt	bewährt
Problem	Herausforderung
nur	ersatzlos streichen
relativ	ersatzlos streichen
vielleicht	sicher (oder ersatzlos streichen)
prinzipiell	ersatzlos streichen
bisschen	ersatzlos streichen
wahrscheinlich, möglicherweise, eventuell	ersatzlos streichen

4. *Vermeiden Sie ein schroffes »doch«!* Denn: Es hat eine sehr negative Wirkung auf Ihren Gesprächspartner.

5. *Streichen Sie »ehrlich gesagt« aus Ihrem Sprachgebrauch.* Denn: Diese Formulierung klingt, als sei Ehrlichkeit bei Ihnen die große Ausnahme.

6. *Sagen Sie »so nicht« oder Ähnliches anstelle von »nein«!* Beispiele: »Das gefällt mir in dieser Form nicht« oder »Ich habe dafür im Moment keine Zeit« statt »Nein, das gefällt mir nicht« oder »Nein, ich habe dafür keine Zeit«. Denn: Ein »Nein« wirkt abweisend. Es verweist auf etwas Abgeschlossenes und endgültig Entschiedenes.

7. *Verändern Sie Ihre Betrachtungsweise, indem Sie »schon« anstelle von »erst« benutzen.* Beispiele: »Sie haben schon die Hälfte Ihrer Arbeit erledigt« statt »Sie haben erst die Hälfte Ihrer Arbeit erledigt«. Oder »Ich schaffe es schon, einen Kilometer zu laufen« statt »Ich schaffe es gerade erst, einen Kilometer zu laufen«. Denn: Ein »schon« macht aus wenig mehr.

8. *Streichen Sie »nur« und »bloß« aus Ihrem Wortschatz!* Beispiele: »Ich sage meine Meinung« oder »Das ist meine Idee« statt »Ich sage bloß meine Meinung« oder »Es war nur so eine Idee«.

9. *Lassen Sie das Wort »falsch« weg!* Fragen Sie lieber nach und zeigen Sie Ihrem Gegenüber, dass Sie um eine Lösung bemüht sind. Beispiel: »Das ist nicht richtig gelaufen. Wie können wir zusammen diesen Fehler beheben oder in Zukunft vermeiden?« statt »Falsch! Das hast Du alleine zu verantworten«.

10. *Sagen Sie »am« und »um« statt »gegen«!* Legen Sie sich bei Ihren Terminen fest. Beispiele: »Ich werde mich am Freitag melden« oder »Ich rufe Sie morgen um 11 Uhr an« statt »Ich werde mich gegen Ende der Woche wieder melden« oder »Ich rufe Sie morgen gegen 11 Uhr an«.

11. *Stellen Sie offene Fragen. Geben Sie sich bei den Antworten nicht mit einem »nein« oder »ja« zufrieden!* Beispiele: »Wie hat es Ihnen gefallen?« oder »Wann darf ich Sie wieder anrufen?« statt »Hat es Ihnen gefallen?« oder »Darf ich Sie wieder anrufen?« Denn: Fragen mit »wie«, »was« oder »wer« sorgen für wertvolle Informationen.

12. *Bevorzugen Sie »Ab sofort werde ich« anstelle von »Hätte ich bloß«!* Beispiel: »Ab sofort werde ich Ratschlägen mehr Beachtung schenken« statt »Hätte ich bloß darauf gehört, dann wäre das nicht passiert«. Denn: »Hätte ich bloß« klagt über Vergangenes und bringt Sie selten weiter. Schauen Sie lieber in die Zukunft. Formulierungen wie »Ab sofort werde ich« sind dafür eine gute Basis.

13. *Mogeln Sie sich nicht mit »man« und »es« durchs Leben!* Beispiele: »Es ist wichtig, dass diese Arbeit vorgezogen wird« ist besser als »Man sollte sich darum kümmern« oder »Man sollte das erst einmal fertig machen«. Mit »man« oder »es« legen Sie sich nicht fest. Benennen Sie lieber klar und konkret, wen oder was Sie meinen (»ich« – »du« – »Sie« – »wir«). Beispiel: »Du solltest das erst einmal fertig machen« oder »Sie sollten diese wichtige Arbeit vorziehen«.

14. *Sagen Sie »Ich werde« beziehungsweise »Ich möchte gerne« anstelle von »Ich muss«!* Beispiele: »Ich möchte mir das erst überlegen« oder »Ich werde mich erst informieren« statt »Ich muss mir das erst überlegen« oder »Ich muss mich da erst informieren«. »Ich muss« hat mit Zwang, Druck oder Fremdbestimmung zu tun. Was Sie mit dieser Einstellung tun, das machen Sie nicht freiwillig. »Ich werde« oder »Ich möchte gerne« wirkt auf andere weitaus positiver, freundlicher und motivierender.

15. *Streichen Sie »eigentlich« aus Ihrem Wortschatz!* Beispiel: »Das ist richtig so« statt »Eigentlich ist das richtig so«. Das Wort »eigentlich« bringt keine Information und wirkt einschränkend.

16. *Sagen Sie »Ich empfehle Ihnen« anstelle von »Sie sollten« beziehungsweise »Sie müssen«!* Beispiele: »Ich empfehle dir, mir zu vertrauen« oder »Ich empfehle Ihnen, daran zu denken« oder »Ich empfehle Ihnen, sich bald zu entscheiden« statt »Du musst mir schon vertrauen« oder »Sie müssen daran denken« oder »Sie sollten sich bald entscheiden«. Mit »sollen« oder »müssen« setzen Sie Ihren Gesprächspartner nur unter Druck und nehmen ihm die eigenständige Entscheidung. »Ich empfehle Ihnen« klingt wohlwollend und positiv.

17. *Nutzen Sie auch Alternativen zu »Ich empfehle Ihnen« wie »Ich bitte Sie« oder »Ich bin Ihnen dankbar«!* Beispiele: »Ich bitte Sie, sich bald zu entscheiden« oder »Ich bin dir dankbar, wenn du mir vertraust« statt »Sie sollten sich bald entscheiden« oder »Du musst mir schon vertrauen«. »Ich bitte Sie« und »Ich bin Ihnen dankbar« sind einfach zu nutzen und bewirken Wunder.

18. *Verzichten Sie auf alle Formen der Verneinung, drücken Sie sich lieber positiv aus!* Beispiele: »Das geht in Ordnung« oder »Die Idee ist wirklich gut« oder »Das fällt mir leicht« statt »Das ist für mich kein Problem« oder »Die Idee ist wirklich nicht schlecht« oder »Das fällt mir nicht schwer«. Mit der Verneinung reden Sie auf Umwegen. Sie ist umständlich und kann unangenehme Assoziationen hervorrufen. Reden Sie direkt und positiv.

19. *Vermeiden Sie auch typische Sonderformen von »nicht«!* Beispiele: »Bitte verstehen Sie mich richtig« oder »Bitte denken Sie daran, dass ...!« oder »Bitte behalten Sie das im Auge!« statt »Bitte verstehen Sie mich nicht falsch« oder »Bitte vergessen Sie nicht, dass ...!« oder »Wir wollen das nicht aus den Augen verlieren!« Verwandeln Sie auch diese negativen Redewendungen in positive. Sagen Sie klar, was Sie wollen. Lenken Sie so die volle Beachtung auf das gewünschte Ziel.

20. *Verwenden Sie die »motivierende Negation«!* Beispiele: »Was Sie gerade gesagt haben, ist nicht ganz richtig!« oder »Da kann ich Ihnen nicht ganz zustimmen!« oder »Sie haben das Ziel nicht ganz erreicht!« statt »Was Sie gerade gesagt haben, ist falsch!« oder »Da muss ich Ihnen widersprechen!« oder »Sie haben das Ziel verfehlt!« Die motivierende Negation ist in Situationen sinnvoll, in denen Sie anderen etwas Unangenehmes oder auch eine deutliche Ablehnung mitteilen wollen. Wichtig ist, dass Sie Ihre Meinung vertreten und dabei die Wahrheit sagen. Mit der motivierenden Negation gestalten Sie Ihre Ablehnung angenehmer und höflicher. Sie lenken die Betonung auf das angestrebte Ziel.

21. *Bevorzugen Sie präzise Begriffe anstelle von unspezifischen Verben wie »machen«, »beschäftigen« und »tun«!* Beispiele: »Wir haben uns nicht für ... entschieden« oder »Ich lese das Protokoll gerade« oder »Der aktuelle Stand ist, dass ...« statt »Wir haben es uns nicht leicht gemacht« oder »Ich beschäftige mich gerade mit dem Protokoll« oder »Wir tun, was möglich ist«. Unspezifische Begriffe lassen viel Spielraum für Deutungen zu.

22. *Fragen Sie mit »wann« und »wie« statt mit »ob« oder Fragen, die nur mit »ja« oder »nein« zu beantworten sind!* Beispiele: »Wann können Sie mir dabei helfen?« oder »Wann können wir uns zusammensetzen?« oder »Wann kann ich Sie sprechen?« statt »Können Sie mir dabei helfen?« oder »Können wir uns einmal zusammensetzen?« oder »Kann ich Sie mal sprechen?« Bei Fragen mit »ob« (Entscheidungsfragen) erhalten wir als Reaktion oft nur ein »ja« oder »nein«. Wann Sie mit einem Ergebnis rechnen können, bleibt offen. Fragen Sie also nicht, »ob« etwas möglich ist, sondern zeigen Sie Ihre positive Erwartung durch »wann« und »wie«.

23. *Beziehen Sie den anderen durch »Sie« und »wir« ein, statt sich selbst durch ein ständiges »ich« in den Mittelpunkt zu stellen!* Beispiele: »Sie sehen jetzt, worum es geht« oder »Bitte geben Sie mir Ihre Anschrift« oder »Wir gehen das gemeinsam durch« statt »Ich zeige Ihnen jetzt, worum es geht« oder »Ich brauche noch Ihre Anschrift« oder »Ich werde Ihnen das gleich erklären«. Wenn Sie immer in der Ich-Form sprechen, stellen Sie sich und Ihre Handlungen zu sehr in den Vordergrund. Die Sie- oder Wir-Form verbindet und stellt auch die Angesprochenen in den Mittelpunkt.

24. *Streichen Sie »nie«, »jeder«, »alle« und »immer« aus Ihrem Sprachgebrauch und werden Sie stattdessen konkret!* Beispiele: »Bei dieser Sache helft Ihr mir!« oder »Sie kommen seit zwei Wochen zu spät« oder »Die sind doch alle

neidisch auf meinen Erfolg« statt »Nie hilft mir jemand« oder »Sie kommen immer zu spät« oder »... und ... sind neidisch auf meinen Erfolg«. Streichen Sie Verallgemeinerungen. Überlegen Sie, was genau passiert ist, wen es betrifft, wann es passiert ist. Definieren Sie Ihre Ziele genau. Verallgemeinerungen sorgen für eine negative Gegenwart und schränken die zukünftigen Möglichkeiten ein.

Die Grundsätze, die hier für die Verbesserung der Rede zusammengestellt wurden, lassen sich auch auf das schriftliche Angebot übertragen. Sie sind effiziente Möglichkeiten, Produkte und Dienstleistungen eindrucksvoller und wirksamer darzustellen.

Verständlichkeit hat Vorrang

Sprache ist ein lebendiges Gebilde und als solches nie statisch, sondern einer ständigen Veränderung unterworfen. Das betrifft nicht nur die Rechtschreibung, die bei uns erst kürzlich reformiert wurde, sondern auch den Wortschatz. Manche Wörter, die vor einigen Jahrzehnten noch in aller Munde waren, gelten heute als veraltet und sind im Duden auch so gekennzeichnet. Im Gegenzug werden immer wieder Wörter in den deutschen Wortschatz aufgenommen, die oftmals aus anderen Sprachen stammen. Viele Fremdwörter sind inzwischen zu Allgemeingut geworden, werden von nahezu jedem verstanden und meist gar nicht mehr als »Import« angesehen. Dennoch wird in zahlreichen Angeboten eine Vielzahl von Wörtern verwendet, mit denen nur Eingeweihte etwas anfangen können.

Insbesondere handelt es sich dabei um weniger gängige Fremdwörter oder aber verfahrens-, produkt- oder branchenspezifische Fachausdrücke. Jeder, der ein Angebot schreibt, sollte daher bedenken: Werden die verwendeten Begriffe von den Empfängern ohne langes Überlegen oder gar Nachschlagen im Lexikon verstanden? Nicht nur dem potenziellen Anwender des Produktes gilt dabei die Aufmerksamkeit, denn auch der Kaufmann, der Berater, der Einkäufer und der Unternehmensinhaber lesen möglicherweise das Angebot. Durch viele fachspezifische Worte oder Fremdwörter werden einfache Dinge unnötig kompliziert ausgedrückt. So schreibt Watzlawick »Die Voluminösität von Solanum Tubarosum steht in quantitativer Disproportionalität zur Intelligenz des Produzenten. Will heißen: Der dümmste Bauer hat die dicksten Kartoffeln.«[26]

Eine konsequente Vereinfachung der Ausdrucksweise verhilft auch Branchenfremden oder Branchenneueinsteigern zum schnelleren Verständnis. Das gilt nicht nur für Detailbeschreibungen, sondern zum Beispiel auch für den Namen des Produktes: Kann der Kunde ihn gut aussprechen? Kann er ihn verstehen? Wenn nicht, zieht er möglicherweise ein Konkurrenzprodukt vor, denn niemand möchte sich blamieren.

Beispiel: Pommery war die erste Champagnermarke, die in Deutschland Fuß fasste und sich einen enormen Marktanteil sicherte. Sie stand auf der deutschen Importliste auf Platz 1 – sehr zum Leidwesen der konkurrierenden Champagnerproduzenten Moët & Chandon oder Veuve Clicquot. Woran lag das? Vermutlich auch am Namen, denn es fällt auf, dass ein Deutscher den Namen Pommery auch ohne Kenntnisse der französischen Sprache aussprechen kann. Als die Wettbewerber das Problem erkannten, schulten sie ihre Händler, damit diese die Champagnermarkennamen richtig aussprechen konnten. Der Außendienst von Veuve Clicquot machte sogar individuelle »Minisprachkurse« im Verkaufsgespräch. Resultat: Pommery fiel auf den deutschen Importlisten von Platz 1 auf Platz 3. Das wollte der ehemalige Marktführer nicht auf sich beruhen lassen, und so nahm eine interessante, lehrreiche Entwicklung ihren Lauf. Pommery stand vor der Frage: Was kann getan werden, um die Marktposition in einem ersten Schritt zu halten und in einem zweiten zu verbessern? Wie häufig in einer solchen Situation üblich, wurde der Preis gesenkt. Das unerwartete Ergebnis: Pommery fiel noch weiter in den Keller und rutschte auf Platz 7 der deutschen Ranking-Liste der Champagnerimporte ab. Daraus kann man schließen, dass Preisreduktion selten ein Allheilmittel ist. Im Gegenteil: Marktführer müssen sich bewusst werden, dass sie nicht zufällig zu Marktführern wurden, obwohl – oder sogar weil – sie auch Preisführer sind. Statt also den Preis zu senken, gilt es, die wahren Ursachen für eine Verringerung des Umsatzes herauszufinden. Im Fall Pommery gehörte dazu vermutlich der verlorene Vorteil eines leicht aussprechbaren Namens, weil die Wettbewerber nachgezogen hatten. In der Folge ruderte Pommery zurück und erhöhte die Preise wieder, was Reinhardt Stephan so beschrieb: »Auch die traditionsreiche, in diesem Jahr von LVMH zu Vranken übergegangene Marke Pommery hatte ihre Tankstellen-Strategie übertrieben und versucht nun mit deutlich erhöhten Preisen und teuren Marketing-Gags wie Summertime und Wintertime […] zurück ins Hochpreissegment zu gelangen.«[27] Wie beim Namen eines Produktes oder der Bezeichnung einer Dienstleistung muss auch an allen anderen Stellen des Angebotes die Verständlichkeit Vorrang haben. Das bedeutet für die Praxis:

- In den allgemeinen Wortschatz übergegangene Fremdwörter sparsam verwenden!
- Fremdwörter, die nicht allgemeinverständlich sind, unbedingt vermeiden!
- Die Zahl der Fachausdrücke auf das Mindestmaß beschränken!
- Fachausdrücke, wenn nötig, erklären!
- Anstelle von Abkürzungen den ausgeschriebenen Begriff wählen!

Mit Adjektiven deutlich werden

Ein Büroschrank – das sagt nicht viel. Schon klarer wird die Vorstellung, wenn die Maße (120 Zentimeter breit, 180 Zentimeter hoch und 40 Zentimeter tief) genannt werden. Noch wesentlich bildhafter kommt das Allerweltsprodukt daher, wenn es der Hersteller mit beschreibenden Zusätzen wie »geräumig«, »silbergrau« oder »stabil« angereichert hat. »Eigenschaften benennen« heißt daher das Motto in schriftlichen Angeboten. Das funktioniert besonders gut mit dem sprachlichen Mittel der Adjektive, die zu den oft wenig aussagekräftigen Substantiven hinzugefügt werden. Sie dienen beispielsweise dazu, Produkte und deren Eigenschaften oder Dienstleistungen und deren Nutzen wertvoller erscheinen zu lassen.

Dies gilt für alle schriftlichen Verkaufsaussagen und Angebote und wird von der Gastronomie demonstriert. So lesen die Gäste auf den Speisekarten schon längst statt »Hendl« »gegrilltes Hendl« oder – in Verbindung mit einem zusammengesetzten Substantiv – »knuspriges Grillhendl«. Es leuchtet ein, dass ein solches knuspriges Grillhendl viel eher Appetit macht als das »nackte« Hendl. Mit pfiffigen Adjektiven können einfache Angebote aufgewertet werden:

- schnelle Verpackungsanlage,
- kostengünstige Lösung,

- wasserfeste Abdichtungen,
- das Parkett schonende Stuhlbeine,
- zielgruppengerechte Zeitschrift,
- aufmerksamkeitsstarke Werbung,
- individualisierte Lösung,
- störungsfreie Maschine,
- spülmaschinenfestes Geschirr.

Analog zum »knusprigen Grillhendl« können Adjektive auch zusammengesetzte Substantive näher beschreiben:

- wartungsfreier Hochleistungsserver,
- bedienerfreundliches Eingabesystem,
- kabelloser Highspeed-Internetzugang.

Vor allem Adjektive, über die eine Eigenschaft konkret vorstellbar wird, sind zur Aufwertung von Angeboten besonders geeignet. Dazu zählt beispielsweise der Begriff »kabellos«, der beim Leser sofort zur Vorstellung eines bequemen, vom Kabelgewirr befreiten Arbeitens führt.

Aktiv und emotional statt passiv und rational

Natürlich, es gibt sie. Die Kunden, denen nur Zahlen und Fakten etwas bedeuten. Die ein Angebot ausschließlich rational analysieren. Die vor allem die monetären Vorteile extrahieren und sie denen der Konkurrenzangebote gegenüberstellen. Die Nüchternheit schätzen und jede Spur einer Emotion für Ausschweifung halten. Die nicht persönlich angesprochen oder gar ausdrücklich aktiviert werden wollen. Wer allerdings als Anbieter eines Produktes oder einer Dienstleistung ausschließlich auf diesen Kundentypus, noch dazu in Reinkultur, fixiert ist, der wird nur in besonderen Branchen große Absatzzahlen anvisieren können. Denn: Die große Masse der Kunden ist anders. Sie will verführt werden, möchte sich Bilder vorstellen, erwartet den Pfeil ins Herz und nicht nur ins Hirn.

Wie die Emotionen dieser Kunden wirkungsvoll angesprochen werden können, zeigt beispielhaft ein Brief von Pegasus Rapid (Firmen- und Produktname sind fiktiv). Er ist an die Besitzer der Pegasus Rapid Platinum

Card gerichtet und stellt diesen die neue Century Card vor. Dieser Brief wurde als Anschreiben zusammen mit einer schwarzen Luxus-Samtschatulle versandt, welche die schwarze Century Card und die dazugehörige Beschreibung (knapp 100 Seiten) enthielt:

Abbildung 11: Brief an die Mitglieder eines Kreditkartenunternehmens[28]

»Sehr geehrte ... persönliche Anrede!

›Dieser Erdenkreis gewährt noch Raum zu großen Taten.‹ (Goethe, Faust)

Dieses Zitat beschreibt recht passend, worin sich unsere exklusivsten Pegasus Rapid-Mitglieder deutlich von anderen unterscheiden. Sie sind engagierter, visionärer, besitzen mehr Energie und Tatendrang und haben einfach große Lust, im Leben nur das Beste zu geben und zu genießen.

Diesem Anspruch fühlt sich auch Pegasus Rapid seit eh und je verpflichtet. Wir wissen, dass unsere Mitglieder mit gutem Recht immer mehr verlangen, weil die Welt nun mal auch immer mehr zu bieten hat.

Deshalb ist es für mich heute eine große Freude, dass Pegasus Rapid seinen exklusivsten Mitgliedern eine neue, streng limitierte und einzigartig wertvolle Karte präsentieren kann, die sämtliche bisherige Leistungen in den Schatten stellt. Eine Karte, die ein Höchstmaß an individuellem Service bietet und es nur wenigen ermöglicht, das Leben von der besten aller Seiten zu genießen.

Die neue Pegasus Rapid Century Card ist die wertvollste Pegasus Rapid Card der Welt. Mit dieser Karte gehören Sie zu einem erlauchten Kreis, in den nur sehr wenige Karteninhaber auf der ganzen Welt aufgenommen werden. Sie ist eine Karte, mit der Sie einen Service erhalten, von dem die meisten Menschen nur träumen können.

Das Herzstück Ihrer Century Card ist der Century Card Service. Ein ausgewähltes und auf Ihre Bedürfnisse zugeschnittenes Team steht für Sie 24 Stunden, sieben Tage die Woche, bereit, zum Beispiel wenn es darum geht, kurzfristig einen Frack für einen Ball zu organisieren, 10 000 weiße Schmetterlinge für die Hochzeit Ihrer Tochter zu besorgen oder ein privates Flugzeug zu chartern. Der Century Card Service steht Ihnen mit seinen Experten aus den Bereichen Service, Reisen, Lifestyle und Versicherungen jederzeit mit professionellen Ideen zur Verfügung. Unsere erfahrenen Mitarbeiter organisieren und buchen für Sie auf Wunsch alle privaten oder beruflichen Reisen und Veranstaltungen. Mit einem Anruf können Sie Ihren Urlaub buchen und gleichzeitig dafür sorgen, dass ein Geburtstagsgeschenk für einen Ihrer Verwandten besorgt und ausgeliefert wird – auch während Sie unterwegs sind.

Weiterhin genießen Sie als Century Card-Inhaber mit der Priority Pass-Karte den Zugang zu dem mit 300 Lounges weltweit größten Netzwerk an Flughafen-Lounges, unabhängig davon, in welcher Klasse Sie fliegen. In vielen der weltweit besten Hotels bekommen Sie den exklusiven VIP-Service, zum Beispiel in allen Hilton und Inter-Continental Hotels sowie in vielen Leading Hotels of the World. Hierzu gehört unter anderem in vielen Fällen ein Upgrade auf ein Zimmer der nächsthöheren Kategorie. Auch bei der Anmietung eines Autos können Sie bei unseren Century-Partnern Hertz und Sixt mit einem besonderen Service rechnen, zum Beispiel durch Express Check-in oder, nicht selten, durch ein doppeltes Upgrade des Mietwagens.

Ausschließlich als Century Card-Inhaber können Sie den bevorzugten Service in vielen deutschen und internationalen Boutiquen, Schmuck- oder Delikatessengeschäften sowie weiteren bekannten Häusern genießen. Und der bevorzugte Zugang zu exklusiven sportlichen und kulturellen Veranstaltungen ist noch lange nicht das Ende der vielen Privilegien, die Sie mit Ihrer Century Card genießen.

Sie sehen, als Century Card-Inhaber erhalten Sie einen Service, den wir nicht mehr als einigen wenigen Tausend Karteninhabern weltweit anbieten können. Heute haben Sie die Gelegenheit, als einer der ersten in den Genuss der weltweit seltensten Kartenmitgliedschaft zu kommen.

Da Sie zu den allerbesten Pegasus Rapid-Mitgliedern gehören, habe ich für Sie Ihre beiden Century Cards reserviert und beigelegt. Wenn Sie zu den wenigen Menschen in der Welt gehören möchten, die diese einzigartige Karte in Zukunft besitzen, dann rufen Sie bitte schnellstmöglich unter […] an, um Ihre Century Card zu aktivieren. Aus dem Ausland wählen Sie dazu bitte die Nummer […].

Sobald Sie Ihre Karten aktiviert haben, veranlassen wir, dass alle bisherigen Zusatzkarten auf Ihr neues Century-Konto umgestellt werden. Diese Karten sowie alle neuen Zusatzkarten (je nach Wunsch Platinum, Gold oder Personal) haben dadurch unverzüglich Anspruch auf fast alle Century-Vorteile. Die Jahresgebühr in Höhe von […] werden wir aufgrund Ihres derzeitigen Status erst im August erheben, sofern Sie sich für die exklusive Centurion-Mitgliedschaft entscheiden. In der Zwischenzeit genießen Sie einfach alle Leistungen der neuen Pegasus Rapid Century Card. Dazu gehören die vielen in der Jahresgebühr enthaltenen Versicherungsangebote und zahlreiche Servicevorteile für Sie und bis zu fünf Inhaber Ihrer Zusatzkarten. Entdecken Sie die vielen wertvollen Leistungen und somit den hohen Gegenwert Ihrer Century Card. Für Sie als eines unserer bevorzugten Mitglieder wurde übrigens veranlasst, dass die einmalige Aufnahmegebühr von [...] entfällt.

Darüber und über das, was Sie alles mit der neuen Pegasus Rapid Century Card gewinnen, informieren Sie nun ganz detailliert das beigefügte Buch und die Broschüre. Dabei bin ich mir sicher, dass Sie nach der Lektüre von dem einzigartigen Wert der Century Card überzeugt sind. Falls Sie jedoch lieber Platinum-Mitglied bleiben möchten, werden wir das selbstverständlich gerne für Sie arrangieren.

Ich möchte noch einmal betonen, dass wir uns sehr freuen würden, schon bald von Ihnen zu hören und Ihnen persönlich zu Ihrer Century-Mitgliedschaft gratulieren zu können.

Mit freundlichen Grüßen

Rudolf Krediter
President & Chief Operating Officer, Pegasus Rapid

PS: Aktivieren Sie noch heute die wertvollste und seltenste Pegasus Rapid Card der Welt unter [...]. Und erleben Sie, was es bedeutet, zu den wenigen zu gehören, die die Century Card besitzen.«

Bei vielen Produkten ist es wirkungsvoll, die Dinge sehr emotional zu beschreiben, um zum Kauf zu motivieren. Je intensiver die Emotionen angesprochen werden, desto höher ist die Chance, vom potenziellen Kunden wahrgenommen zu werden - und desto wahrscheinlicher wird es, dass dieser das Angebot annimmt. Es besteht, zumindest bis zu einem gewissen Grad, eine direkte Korrelation zwischen Emotion und Informationsverarbeitung. Dies zeigt die Kurve von Pechtl in Abbildung 12:

Die Aussage der Kurve ist eindeutig: Die Leistung bei der Verarbeitung von Informationen steigt zunächst etwa linear mit der Stärke der positiven Emotion. Erst ab einem gewissen Punkt der Emotionalisierung fällt die Fähigkeit zur Informationsverarbeitung – vermutlich aufgrund von Überforderung – wieder ab. Ideal sind daher Angebote, die sich mit der Aktivierung der Emotionen möglichst knapp vor oder am Höhepunkt der Kurve bewegen.

Abbildung 12: Emotionen und Informationsverarbeitung[29]

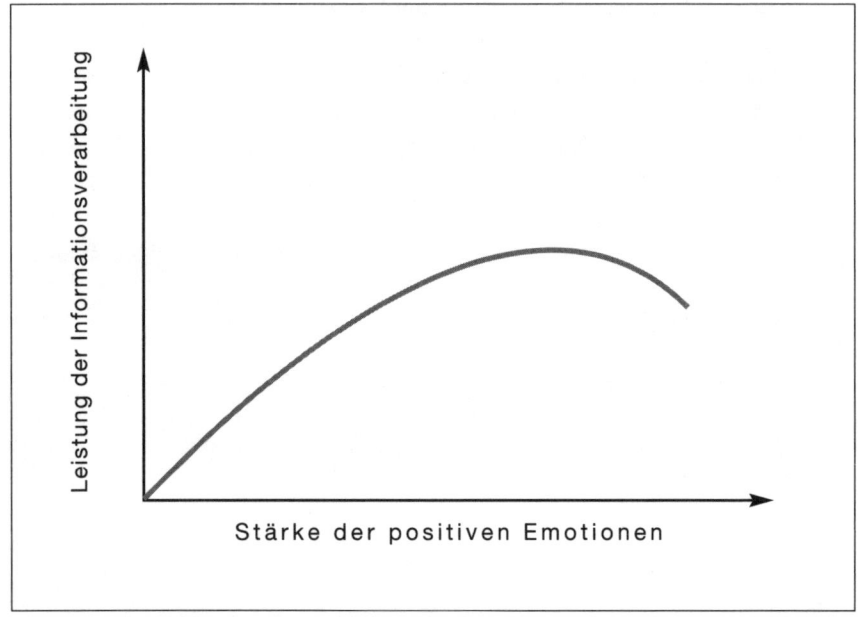

Lieber auffallen als Mauerblümchen

Wir haben gesehen, dass Sprache Stimmungen beeinflussen, Sympathie erzeugen, das Verständnis fördern, Qualitäten erlebbar machen, überzeugen, begeistern, emotionalisieren und aktivieren kann. Doch Wörter vermögen noch mehr: Sie können aus einem Mauerblümchen einen Star machen, sprich in hohem Grad Aufmerksamkeit erregen. Wie das funktioniert? Zum Beispiel durch Andersartigkeit. Sprache vermag neuartige Bilder hervorzurufen, ungewohnte Strukturen oder Darstellungen lenken die Blicke auf sich, führen zum Nachdenken und machen neugierig.

Dies bedeutet für den Angebotsentwurf, dass er – selbstverständlich unter Wahrung der Grenzen der Seriosität – durchaus ein wenig ausgefallen sein darf. Viele Anbieter verwenden ihre ganze Energie und Intelligenz darauf, es genauso zu machen wie alle anderen. Warum also nicht einmal den Ansatz wählen, es ganz anders zu machen als alle anderen? Er ist enorm aufmerksamkeitsstark und schon allein deshalb oft sinnvoll.

Die enorme Wirkung von Andersartigem liegt auch an der selektiven Wahrnehmung. Während wir Bekanntes, schon oft Gesehenes nur manchmal registrieren, fällt das Unerwartete jedem auf. Mehrdeutigkeit und Neuartigkeit sind Reizeigenschaften, welche die Orientierungsreaktion auf den Plan rufen – und damit den wichtigsten aufmerksamkeitssteuernden Mechanismus. Auch bewusstes Verstoßen gegen Wahrnehmungs- und Gestaltungsgesetze kann zu dieser Reaktion führen. Zum Beispiel erzielen unvollständige Werbespots oder -slogans eine größere Aufmerksamkeit als vollständige.

So warb eine Illustrierte mit dem Slogan »Der Luft geht die Lft au«. Hier wird der Wahrnehmungsapparat aktiv, indem er versucht, eine »sinnvolle Aussage« herzustellen. Eine ohne bewusste Steuerung ablaufende Reaktion, die zur Aufmerksamkeitssteigerung führt. Studien haben allerdings ergeben, dass dieser Effekt nur bei jüngeren Menschen bis etwa 26 Jahren eintritt. Ebenso wie die oben beispielhaft gezeigten Schreibfehler in Anzeigenwerbungen wirken unter anderem kurze Bild- und Tonstörungen am Anfang von Fernsehspots, Fernsehspots ohne Ton oder auf dem Kopf stehende Objekte. Neuartigkeit ist jedoch nur wirksam, wenn sie im Zusammenhang mit Vertrautem steht. Nur die Kombination aus bekannten und neuartigen Dingen wirkt anregend. Sind dagegen alle Elemente einer Situation neu und ungewohnt, treten eher Aversion, Irritation und Abwendung auf.

Ohne großen Aufwand wahrnehmbare Gegenstände haben die größte Aussicht, Aufmerksamkeit zu erregen. Die Verkaufschancen eines Produktes können deshalb durch eine Platzierung gesteigert werden, die müheloses Wahrnehmen und Greifen ermöglicht. Weniger umsatzstarke Artikel werden zum Beispiel in den Regalen der Supermärkte in Augenhöhe, populäre Artikel dagegen oft weiter unten präsentiert. Auch kulturell geprägte Gewohnheiten wie das Betrachten einer Schriftseite von links oben nach rechts unten lenken die Aufmerksamkeit. Folge: Die in der linken oberen Ecke positionierten Gegenstände werden leichter wahrgenommen.

Auch diese Regeln lassen sich in schriftlichen Angeboten anwenden. Motto: Überrasche mit Neuartigem in gewohnter »Umgebung« und achte bei der Gestaltung auf einen Hingucker in der linken oberen Ecke.

Kapitel 5

Nutzenkommunikation: Vorteile
in Szene setzen

In diesem Kapitel werden folgende Themen behandelt:

▶ Kommunikation und Wahrnehmung eines Produkts
▶ Hinterfragen von Qualität, Service und Kompetenz
▶ Der individuelle Nutzen für den Anwender
▶ Einsatz von treffenden Keywords
▶ Darstellung der Unternehmenspositionierung

»Fenster mit extradickem Glas bis zu 33 mm Stärke« – okay, das ist für ein Fenster wahrscheinlich ziemlich viel. Weil aber kaum ein Kunde von beeindruckend mächtigen Gläsern in seinen Fenstern träumt, wird diese Beschreibung wenig potenzielle Käufer überzeugen. Schon besser kommt das Angebot an, wenn es ergänzt wird zu: »Fenster mit extradickem Glas bis zu 33 mm Stärke. Dadurch sehr guter Schallschutz.« Nun weiß der Adressat zumindest schon einmal, was die extreme Dicke des Glases Positives bewirkt. Trotzdem bleibt er von diesem Vorteil möglicherweise unberührt, weil er sich nicht gezielt angesprochen fühlt. Das Rennen bei einem Geschäftskunden mit einer Software-Firma macht deshalb der Fensterbauer, der in seinem Angebot den individuellen Nutzen in den Vordergrund stellt: »Sperren Sie den Straßenlärm aus! Lassen Sie Ihre Mitarbeiter in wundervoller Ruhe denken und programmieren! Mit diesem Fenster werden Ihre Büroräume an der Bundesstraße genauso ruhig wie die auf der gegenüberliegenden Seite. Erreicht wird dieser enorme Schallschutz durch extradickes Glas bis zu 33 mm Stärke.«

Ob ein dickes Fensterglas den Schallschutz optimiert oder Energieverlust verringert und damit die Heizkostenrechnung drückt, ob ein Mikroskop die Qualitätskontrolle vor dem Versand erleichtert oder eine innovative Schleifmaschine schon in der Produktion die Qualität verbessert, ob eine ständig besetzte Hotline Zeit oder Nerven spart: Dieser und anderer Nutzenvorteile wegen werden Fenster, Mikroskop, Schleifmaschine und Co. gekauft, nicht aber um ihrer selbst willen. Viele Unternehmen allerdings übersehen das. Sie stellen in ihren Angeboten selbst immer wieder die Produkte und Dienstleistungen in den Mittelpunkt. So werden dem Kunden lauter »Diven« präsentiert, die sich selbst genug zu sein scheinen. Warum aber sollte er deren »Eitelkeit« – oder der ihrer Hersteller – schmeicheln und sie ordern?

Weil die Produkte und Dienstleistungen ihm zahlreiche Vorteile bringen, wird so mancher antworten. Das entspricht in den meisten Fällen der Wahrheit – nur weiß es der Kunde nicht, wenn es ihm nicht kommuniziert wird. Dieses Kapitel zeigt, wie Nutzen dargestellt wird, welche unterschiedlichen Arten des Nutzens es gibt und was unternommen werden muss, damit dieser auch wahrgenommen wird. Ein Verkaufsleiter schilderte das dahinter stehende Problem treffend: »Nutzen ist nicht der, den Sie bieten, sondern der, der wahrgenommen wird.«[30]

Diese Erkenntnis kann noch präziser ausgedrückt werden: »Nutzen ist nicht der, den Sie bieten, sondern der, der als Nutzen wahrgenommen wird.« Nutzen ist nämlich nicht gleich Nutzen, also ein Vorteil nicht für alle Kunden in gleichem Maße relevant. Statt mit objektiven Vorzügen, punkten Produkte und Dienstleistungen vor allem mit subjektiven Wertungen, die sich von Kunde zu Kunde unterscheiden. Daraus lassen sich Differenzierungen des Nutzens entwickeln:

- Darstellungsformen von Qualität, Service und Kompetenz,
- Produktinformation,
- Produktnutzen,
- allgemeiner Anwendungsnutzen,
- individueller Anwendungsnutzen.

Selbst Unternehmen, welche sich die Nutzenkommunikation auf ihre Fahnen schreiben (und die »Diven« auf Normalmaß zurechtgestutzt haben), gehen dabei meist zu oberflächlich und undifferenziert vor. Ein typisches Beispiel ist das Wort Qualität, das viele als Nonplusultra unter den Vorteilen ihrer Angebote anführen. Ein Trugschluss, denn zum einen ist das Beteuern von Qualität ohne weitere Erläuterungen wenig aussagekräftig. Und zum anderen entsteht die einzig relevante Qualität – also die, welche ein Angebot in Wert umsetzt – immer erst im Kundenkopf.

Wert entsteht im Kopf des Kunden

Das Bewusstsein von der Qualität eines Produktes oder einer Dienstleistung kann dem Kunden nicht eingeimpft werden. Mit anderen Worten: Er entscheidet selbst, ob ein Angebot für ihn persönlich wertvoll ist. Das verdeutlicht Jack Welch: »Der Kunde vergleicht uns mit der Konkurrenz und stuft uns entweder als besser oder schlechter ein. Dies geht nicht sehr wissenschaftlich vor sich, ist jedoch verheerend für den, der dabei schlechter abschneidet.«[31]

Die Beurteilung der Qualität erfolgt einzig und allein durch den Kunden. Subjektiv, individuell und oft nicht nachvollziehbar beurteilt er, ob die gebotene Qualität mit seinen Erwartungen übereinstimmt. Damit muss sich jeder, der schriftliche Angebote erstellt, folgende Fragen stellen:

1. Was sind die Erwartungen des Kunden?
2. Weiß er überhaupt, welche Erwartungen er hat?
3. Was ist die von ihm gewünschte Qualität?
4. Anhand welcher Kriterien misst er Qualität?
5. Kann er überhaupt beurteilen, was Qualität ist?

Die Suche nach den Antworten ist nicht immer leicht und oftmals aufwändig. Doch nur so entgeht der Anbieter der Gefahr, die Vermittlung seiner Nutzenvorteile auf Schlagworte zu reduzieren.

Schlagworte sind zu wenig

Das Dale Carnegie Trainingsinstitut führte im Rahmen des Vertriebstrainings für Führungskräfte von Siemens (VTFÜ II) in den Jahren 1998 bis 2000 eine Befragung durch. Eine der von den Teilnehmern zu beantwortenden Fragen lautete: »Bitte notieren Sie in den nächsten zwei Minuten den Nutzen, den Ihre Produkte, Systeme, Anlagen oder Dienstleistungen für den Kunden bieten.« Das Ergebnis: »87 Prozent hatten in zwei Minuten nur fünf oder weniger Punkte notiert. 13 Prozent hatten in zwei Minuten sechs oder mehr Punkte notiert. 65 Prozent der 87 Prozent hatten nur die Begriffe Qualität, Service, Kompetenz gewählt.«[32]

Umfragen bei anderen Branchen brachten ähnliche Ergebnisse. Es folgten fast immer diese Antworten: »Qualität, Service und Kompetenz.« Exakt dieselben Begriffe finden sich auch in den Einträgen der deutschen Branchenbücher, zum Beispiel in den »Gelben Seiten«. Quer durch alle Branchen, Unternehmensgrößen und Regionen scheinen die drei Wörter Qualität, Service und Kompetenz das A und O bei der Beschreibung der eigenen Produkte und Dienstleistungen zu sein. Jeder Anbieter möchte damit seine Einzigartigkeit ausdrücken, doch wie soll das mit universell eingesetzten Charakteristika funktionieren? Längst sind Qualität, Service und Kompetenz zu Worthülsen geworden, die beim Leser kaum noch registriert werden und schon gar nicht für einen Überraschungseffekt sorgen.

Wodurch also heben sich nun Produkte, Systeme, Anlagen oder Dienstleistungen tatsächlich von anderen ab? Und sind die Informationen hierüber für den Kunden ausreichend, um die richtige Entscheidung zu treffen? Dazu Reinhard Zerres: »Längst bewegen sich die Produkte auf einem qualitativen Niveau, das sie zunehmend verwechselbar und austauschbar macht. Umso erschreckender, wenn die Personen hinter dem Produkt, die Chefs und Lenker der Unternehmen und die Verkäufer, ein ebensolches Einheitsbild vermitteln, das heißt, wenn ihr Verhalten sowie die Kommunikation auf allen Ebenen denen der Wettbewerber gleichkommen.«[33]

Die Allgegenwart von Qualität, Service und Kompetenz in Werbeanzeigen, Produkt- und Unternehmensbroschüren, Verkaufsgesprächen und schriftlichen Angeboten wirft die Frage auf, wie diese Vorzüge exakt definiert werden. So lautete die nächste Frage des Dale Carnegie Trainingsinstituts im Rahmen des Vertriebstrainings für Führungskräfte (VTFÜ II): »Was verstehen Sie unter Qualität, Service und Kompetenz?« Resultat: Viele Führungskräfte waren nicht oder kaum in der Lage, den Nutzen zu kommunizieren, der sich hinter diesen Aussagen verbarg. Aus dieser Erfahrung wurde eine Empfehlung abgeleitet, nämlich das Anlegen einer Nutzensammlung als Mind-Map. Idee: Die Begriffe Qualität, Service und Kompetenz werden konsequent und stufenweise hinterfragt, um den dahinter stehenden Nutzenvorteilen auf die Spur zu kommen. Beispiel für Mind-Map-Methode: »Welchen Nutzen bietet mein Service?«

Mögliche Antworten:

- Freundlichkeit,
- schnelle Reklamationsabwicklungen,
- kurze Wartezeiten.

Weitergehende Fragen:

- Welchen Nutzen hat der Kunde durch die Freundlichkeit?
- Welchen Nutzen hat er durch schnelle Reklamationsabwicklung?
- Welchen Nutzen hat er durch kurze Wartezeiten?

Die Mind-Map-Methode weist den Weg aus der Qualität-Service-Kompetenz-Falle. Je mehr Argumente greifbar sind, umso gezielter lassen sich die für den speziellen Kundenwunsch richtigen individuellen Nutzenvorteile darstellen und umso leichter lassen sich damit Argumentationsketten bilden. Weitere Fragen sind bei der Vertiefung der Nutzenaussagen hilfreich (siehe Checkliste 4).

Checkliste 4: Welche Qualität, welcher Service, welche Kompetenz?

1. Was ist die Qualität Ihrer Produkte oder Dienstleistungen?
2. Was sind Ihre Serviceleistungen?
3. Womit können Sie Ihren Kunden überragenden Nutzen bieten?
4. Warum sollte der Kunde gerade bei Ihnen kaufen?
5. Worauf sind Sie stolz?
6. Was haben Sie schon geleistet?
7. Was schätzen die Kunden am meisten an Ihnen?
8. Worum beneidet Sie der Wettbewerb?
9. Welche besondere Leistung hat Ihr Unternehmen schon erbracht?

Es lohnt sich, Zeit in diese Checkliste zu investieren sowie die Fragen sorgfältig und ausführlich zu beantworten. Die Sammlung der Antworten ist die Basis für eine effiziente und erfolgreiche Nutzenkommunikation.

Der Nutzen hinter den Produkten

Wie bereits das Fenster-Beispiel zu Beginn dieses Kapitels gezeigt hat, sind Produktinformationen keine Nutzeninformationen. Viele Angebote beschränken sich auf die Auflistung der Komponenten und unternehmensinternen Bezeichnungen der Produkte, Systeme, Anlagen oder Dienstleistungen anstatt als Verkaufshelfer zu dienen. Warum wurde beispielsweise Aluminium statt Holz verwendet, das Gewicht gegenüber dem Vorgängermodell um 150 Gramm reduziert oder ein zusätzliches Scharnier eingebaut? Das erfährt der Kunde nicht. Die teilweise sehr langen Listen der Angebote überfordern oder langweilen ihn, animieren ihn jedoch nicht zum Kauf.

So wird zwar eine Fülle technischer Einzelheiten dargestellt, doch selten erwähnt, warum diese integriert sind. Nach Dr. Irene Glöckner-Holme beschreiben nur wenige Anbieter den Nutzen, den der Kunde durch seine Investition erhält: »Keine Nutzenargumente und überzeugenden Kaufgründe genannt zu bekommen, empfinden über 50 Prozent der Kunden als größten Mangel von Anbietern. 82,8 Prozent der Unternehmen kennen die Kaufgründe ihrer Kunden nicht. 49 Prozent der Kunden empfinden es als störend, wenn der Verkäufer zuviel redet, meist zu viel über sich und sein Angebot, jedoch zu wenig über die Vorteile für den Kunden. In Amerika nennt man das Egotalk. Kundenfokussierte Unternehmen erzielen 42 Prozent bessere Gewinne gegenüber der Konkurrenz.«[34]

Mittlerweile wissen viele Unternehmen, dass reine Produktdarstellungen im Kampf um den Kunden und seinen Auftrag nicht mehr ausreichen. Wenn der Weg von dieser Erkenntnis allerdings geradewegs in die Qualität-Service-Kompetenz-Sackgasse führt, dann ist nichts gewonnen. Wie wir gesehen haben, sind diese Begriffe längst zu Floskeln geworden, denen kaum ein Kunde noch einen Wert zuordnet. Was einzig zählt, sind daher Produktnutzen, die dem jeweiligen Produkt klar zuzuordnen sind.

Beispiel: Der Schraubenzieher – fachlich korrekt Schraubendreher – gilt als das meistverkaufte Werkzeug der Welt. Dennoch benötigt kein Mensch den Schraubenzieher an sich, sondern lediglich den Nutzen, den er stiftet: das Anziehen oder Lockern von Schrauben. Ausschlaggebend für den Markterfolg dieses Werkzeugs sind also nicht der Wunsch, das Produkt zu besitzen, sondern ein Problem und das Wissen um die Problemlösungsfähigkeiten eines Schraubenziehers. Das heißt: Kunden haben irgendwann einmal gelernt, dass sie mit einem Schraubenzieher Schrauben anziehen oder lösen können. Dieses Wissen ist einfach zu erlangen und gehört zur »Allgemeinbildung«. Es ist jedoch entscheidend, dass der Kunde insbesondere bei komplexeren Produkten und Dienstleistungen den Nutzen erkennen und zuordnen kann, auch wenn dieser nicht so offensichtlich ist.

Nicht bei allen Produkten oder Dienstleistungen ist diese Zuordnung so leicht. So kennen viele Kunden ihre Probleme, wissen aber nicht, welche Angebote sie lösen könnten. Andere haben ein Problem, sind sich dessen aber nicht bewusst. In diesem Zusammenhang ist es für Anbieter sinnvoll, sich folgende Fragen zu stellen:

1. Ist sich der Kunde des Problems bewusst, das er lösen muss?
2. Weiß der Kunde überhaupt, dass es für sein Problem eine Lösung gibt?
3. Kann der Kunde den angebotenen Leistungen ein Lösungspotenzial für seine individuelle Situation zuordnen?

Erwartungen sind erst dann konkretisierbar, wenn der Kunde weiß, dass ihm etwas fehlt. Jeder mit Mängeln behaftete Ist-Zustand trägt dazu bei, die das Problem lösenden Qualitäten von Produkten oder Dienstleistungen zu erörtern. Das ist die Verknüpfung von etwas Bekanntem mit etwas Unbekanntem und setzt problembezogenes Denken voraus. Horst Rückle erläutert dies an einem Beispiel: »Die Fischerwerke, ein renommierter Hersteller von Produkten aus dem Bereich der Befestigungstechnik, formulieren als Motto: ›Wir lösen Probleme unserer Zielgruppen, bevor diese merken, dass solche Probleme bestehen.‹ Diese Kernauffassung führt zu problembezogenem Forschen und Handeln. Bevor Dübel erfunden wurden, hatten die Befestiger tatsächlich kein Problembewusstsein dafür, wie an schwierigen Stellen etwas befestigt werden konnte. Wo etwas mit herkömmlichen Materialien nicht hielt, wurde auch nichts befestigt!«[35]

Schraubenzieher und Dübel, Waschmaschine und Auto, Drucker und Computer: Sie alle werden nicht um ihrer selbst willen gekauft, sondern weil sich mit ihnen Schrauben befestigen und Bilder aufhängen, Pullover waschen und Wege schnell zurücklegen, Briefe ausdrucken und Urlaubsreisen im Internet recherchieren lassen. Aber sind diese Tätigkeiten anders als die dazu verwendeten Hilfsmittel Selbstzweck? Nein, denn das Hineindrehen der Schraube dient nur dazu, beispielsweise einen Schrank aufzubauen, der wiederum Platz für Bücher oder Kleidung schafft. Das aufgehängte Bild erfreut das Auge, der gewaschene Pullover kann wieder angezogen werden und seinen Träger wärmen. Dank der per Auto schnell zurückgelegten Distanz erreicht der Autobesitzer rechtzeitig zur Aufführung das Opernhaus, für das er am Tag zuvor Karten gekauft hat. Die ausgedruckten Briefe informieren die Empfänger, die recherchierten Reisen werden gebucht und schenken Erholung.

Ebenso wie zwischen Produkt und Produktnutzen müssen wir also auch zwischen Produktnutzen und Anwendungsnutzen unterscheiden. Letzterer geht oftmals weit über den klassischen, den primären Produktnutzen hinaus. Nicht selten verläuft die Suche nach dem letztlich entscheidenden Nutzen über mehrere Stufen, wie das Beispiel der Bohrmaschine zeigt:

Statt ihre Angebote lediglich auf die Produkte selbst oder allenfalls auf den Produktnutzen zu fokussieren, sollten Unternehmen den Anwendungsnutzen wesentlich stärker kommunizieren. Genau das machen beispielsweise Energieversorger, die sich zu Energiedienstleistern gewandelt haben. Längst verkaufen sie nicht mehr nur Gas und Strom, sondern Bequemlichkeit und behaglich warme Räume, einen hellen Arbeitsplatz und ein gekühltes Bier. Besonders deutlich wird die neue Strategie an so genannten

Abbildung 13: Motive für den Kauf einer Bohrmaschine

Der Kauf einer Bohrmaschine lässt Interesse an diesem Produkt vermuten.

Der Käufer einer Bohrmaschine braucht jedoch nicht diese Maschine an sich, sondern ein Loch in der Wand.

Genau betrachtet, benötigt er auch nicht das Loch an sich, sondern eine Möglichkeit, einen Dübel hineinzustecken.

Der Dübel aber dient ihm nur dazu, einen Haken an der Wand anzubringen.

Der Haken wiederum dient allein dazu, ein Bild aufzuhängen.

Vielleicht stellt sich der Käufer die Fragen: Ist die Bohrmaschine überhaupt die richtige Lösung? Gibt es nicht einfachere und sinnvollere Mittel (wie Hammer und Nagel oder Powerstrips), um das Bild aufzuhängen?

Vermutlich ist auch das aufgehängte Bild kein Selbstzweck. Letzten Endes geht es dem Käufer der Bohrmaschine beispielsweise um eine schönere Wohnung, mehr Anerkennung oder sogar Imagegewinn.

Contracting-Angeboten: Hier installiert das Unternehmen die Heizungsanlagen, übernimmt deren Finanzierung und Wartung, liefert den Brennstoff und ist im Störungsfall sofort vor Ort. Der Kunde wird dadurch entlastet und zahlt nicht mehr für den Energieträger, sondern die stets angenehme Temperatur in seinem Haus oder seinem Betrieb.

Ein weiteres Beispiel veranschaulicht, wie sich ein Angebot wandelt – von der reinen Produktinformation bis zur Werbung für den Anwendungsnutzen:

Erste Version:

Dieser Büroschreibtisch hat höhenverstellbare Tischbeine (*Produktinformation*).

Zweite Version:

Dieser Büroschreibtisch hat höhenverstellbare Tischbeine (*Produktinformation*), um den Tisch der Größe des jeweiligen Mitarbeiters anzupassen (*Produktnutzen*).

Dritte Version:

Dieser Büroschreibtisch hat höhenverstellbare Tischbeine (*Produktinformation*), um den Tisch der Größe des jeweiligen Mitarbeiters anzupassen (*Produktnutzen*). Durch das damit ermöglichte Arbeiten in einer optimalen Sitzhaltung lassen sich die Ermüdungserscheinungen verringern (*Anwendungsnutzen*).

Was hilft jedoch der beste Anwendungsnutzen, wenn er nicht mit dem vom Kunden gewünschten übereinstimmt? Vielleicht hat der potenzielle Kunde des Herstellers von höhenverstellbaren Büroschreibtischen noch niemals über eventuelle Ermüdungserscheinungen seiner Mitarbeiter nachgedacht. Noch zielgenauer wird deshalb das Angebot, wenn es zusätzlich den individuellen Nutzen herausstellt:

Vierte Version:

Dieser Büroschreibtisch hat höhenverstellbare Tischbeine (*Produktinformation*), um den Tisch der Größe des jeweiligen Mitarbeiters anzupassen (*Produktnutzen*). Durch das Arbeiten in einer optimalen Sitzhaltung lassen sich die

Ermüdungserscheinungen verringern (*Anwendungsnutzen*). Das ist gerade bei Ihren Mitarbeitern in der Nachtschicht besonders vorteilhaft (*individueller Nutzen*).

Um den individuellen Nutzen zu ermitteln, muss der Anbieter im Analysegespräch die richtigen Fragen stellen und wie in obigem Beispiel den Anwendungsnutzen entsprechend darstellen. Oft ist es auch sinnvoll, aus einem Paket von Anwendungsnutzen exakt denjenigen herauszufiltern, der zum Problem des Kunden passt: Schließt beispielsweise ein Unternehmen einen Vertrag mit einer Tankstelle plus angeschlossener Werkstatt, so sind Kundenkarten für alle Mitarbeiter mit Dienstwagen eine interessante Option. Stellt der Besitzer der Tankstellen-Werkstatt diese vor, preist er vermutlich unter anderem die durch die Karten ermöglichte einfache Beschaffung von Ersatzteilen an. Vielleicht liegt jedoch das Augenmerk des Kunden vor allem auf dem Kosteneinsparungspotenzial durch größere Transparenz der Mitarbeiterdaten. Dann sollte auf dieses Interesse eingegangen werden.

Neben der Individualisierung des Angebotes ist auch eine Verschiebung von der Problemdiskussion zur Lösungskommunikation wichtig. Während der Anwendungsnutzen im Beispiel des höhenverstellbaren Schreibtisches zwar bereits das Produkt selbst in den Hintergrund gedrängt hat, thematisiert er immer noch ein Problem: die Ermüdungserscheinungen der Mitarbeiter. Die Formulierung des individuellen Nutzens dagegen rückt die Lösung – in diesem Falle für die Mitarbeiter der Nachtschicht – in den Blickpunkt. Was als akademische Unterscheidung in Nuancen erscheint, ist oft entscheidend für den größtenteils unbewusst ablaufenden Entscheidungsprozess des Kunden.

Auf das Wesentliche konzentrieren

Bereits im Beispiel der Kundenkarten für eine Tankstelle wurde deutlich, dass nicht alle Anwendungsnutzen für jeden Kunden relevant sind. Das gilt in noch stärkerem Maße für die »nackten« Produktinformationen. Gleichzeitig führt die zunehmende Komplexität der meisten Produkte und Dienstleistungen zu immer mehr Optionen bei Detailbeschreibungen und möglichen Nutzen. Nicht von ungefähr werden deshalb zahlreiche Kunden durch eine Informationsflut überfordert, für deren Verarbeitung sie weder das nötige Wissen noch genügend Zeit haben.

Der Volksmund formulierte »Fachidiot schlägt Kunde tot« oder »Wissensüberfluss bringt Verdruss« und sagt damit, wie schnell zu viele Nutzenaussagen zur Demotivierung führen. Oftmals werden Vorteile formuliert, die für den Kunden

- nicht relevant,
- nicht interessant,
- zu fachspezifisch
- oder zu branchenintern

sind. Dies führt zu Entscheidungsunsicherheit statt zu Entscheidungssicherheit. Bei allen Aussagen in schriftlichen Angeboten sollte daher sorgfältig geprüft werden, ob sie die Kaufmotivation des Kunden fördern oder nicht stattdessen die Wahrscheinlichkeit für einen Abschluss reduzieren. Gleichzeitig ist zu berücksichtigen, dass manchmal mehrere Entscheider mit unterschiedlichen Interessen sowie unterschiedlichem Branchen- und Hintergrundwissen das Angebot prüfen und bewerten. Unter den kommunizierten individuellen Nutzen muss daher für jeden Leser der richtige dabei sein.

Was oft vernachlässigt wird: Die Nutzenkommunikation fördert nicht nur die Entscheidung für einen Kauf, sondern sie liefert dem Kunden auch Gründe für die nachträgliche Rechtfertigung dieser Entscheidung – sei es gegenüber sich selbst, seinen Vorgesetzten, seiner Familie oder Freunden und Bekannten. Mit anderen Worten: Die vermittelten Nutzen verschaffen ein gutes Gewissen. Warum nicht von diesem Potenzial profitieren, um parallel ein schlechtes Gewissen beziehungsweise Entscheidungsunsicherheit für den Fall einer Abwanderung zum Alternativangebot erzeugen? Profis bauen so viele Pluspunkte und Nutzenargumente in ein Angebot ein, dass dieses nicht nur Entscheidungssicherheit für das eigene Angebot aufbaut, sondern gleichzeitig Entscheidungsunsicherheit für das Wettbewerbsangebot erzeugt.

Spitz statt breit kommt an

Weniger kann mehr sein – das gilt nicht nur für die Konzentration auf den individuellen Nutzen. Schon das Produkt oder die Dienstleistung selbst sollte spezialisiert sein. Je differenzierter die Lebensstile und je individualisierter die Gesellschaft, desto weniger wird es bei allen auf Gegenliebe stoßen. Das ist manchmal schon deshalb nicht möglich, weil sich die Anforderungen verschiedener Gruppen diametral gegenüberstehen. Weil für die einen beispielsweise die weitgehende Naturbelassenheit eines Lebensmittels über alles geht, während für die anderen ein reduzierter Fett- und Zuckergehalt unabdingbar ist. Doch auch wenn bestimmte Eigenschaften eines Produktes bei allen potenziellen Kunden gut ankommen, sind sie nicht allen gleich wichtig. Weil aber immer nur in einer Richtung optimiert werden kann, ist das Motto »spitz statt breit« erfolgversprechend. Es führt meist zu großen Marktanteilen in einer bestimmten Zielgruppe statt zu marginalen in vielen Gruppen.

Spitz statt breit – das gilt auch für die Konzeption der Angebote. Die Physik lehrt, dass der konzentrierte Druck auf eine kleine Fläche mehr bewirken kann als der vielfach größere Druck auf eine große Fläche. Übertragen auf die Verkaufsargumentation heißt das, wenige, entscheidende Punkte treffend zu formulieren und vorzutragen. Manche Unternehmen scheinen im Gegensatz dazu die Hoffnung zu hegen, dass mit der Zahl der Argumente auch die Wahrscheinlichkeit des Erfolges steigt. Das mag bei manchen Entscheidern zutreffen, doch in der Regel gilt: Weniger ist mehr. Also: Ein spezielles Angebot mit klar definiertem Nutzen für eine fest umrissene Zielgruppe statt eines Vorteiles für jeden nach dem Gießkannenprinzip.

Mit Keywords zum Verkaufserfolg

Bei der Suche nach den Problemen der Kunden und den sie lösenden individuellen Nutzen lohnt es sich, die Aufmerksamkeit auf einen scheinbaren Nebenschauplatz zu richten: die vom Kunden verwendete Sprache. So hat eine Recherche in den USA ergeben, dass dort häufig die Angebote an den Sprachgebrauch und die Sprachgewohnheiten der Kunden adaptiert werden. Die Unternehmen benutzen von den Kunden selbst geäußerte und für den Kunden offenbar wichtige Formulierungen, um diese als Keywords an geeigneten Stellen des Angebots wortwörtlich einzubauen. Nicht kreieren, sondern adaptieren, heißt hier die Devise.

Beispiel: Der Inhaber eines Supermarkts, in dem Tiefkühlkost verkauft wird, lässt sich ein Angebot über neue Tiefkühlzellen machen, da die bisher eingesetzten während der Weihnachtstage kaputt gegangen sind. In einem Gespräch mit einem Hersteller solcher Zellen formuliert er seine Anforderungen unter anderem mit den Worten »Im Büro möchte ich ein großes rotes Licht blinken sehen, wenn die Temperatur nur zwei Grad von der Solltemperatur abweicht« und erzählt von dem Ausfall zum Weihnachtsfest. Beherzigt der Hersteller die Regel des Keyword-Sellings könnte er beispielsweise folgendes Angebot für den Supermarkt-Besitzer formulieren: »Selbstverständlich haben wir Ihrem Wunsch entsprechend einen Temperaturfühler mit Anzeige vorgesehen, damit Sie im Büro ein großes rotes Licht blinken sehen, sobald die Temperatur nur zwei Grad von der Solltemperatur abweicht.« Und an anderer Stelle, vorzugsweise am aufmerksamkeitsstarken Ende des Angebotes, könnte stehen: »…damit Sie das nächste Weihnachtsfest ganz beruhigt feiern können«.

Der Einsatz von treffenden Keywords basiert auf dem Wissen, was für den Kunden entscheidend ist. Er setzt daher eine präzise Bedarfsanalyse voraus. Damit ist ein Zeiteinsatz verbunden, der sich lohnt, denn welcher Kunde liebt es nicht, mit seinen eigenen Worten umgarnt zu werden und feststellen zu können, dass der Anbieter ihm wirklich zugehört und ihn auch verstanden hat?

Was sich von Gedächtnistrainern lernen lässt

Selbstverständlich bringen eine theoretisch perfekte Nutzenkommunikation und Keyword-Selling wenig, wenn die Vorteile der eigenen Angebote nicht verinnerlicht und jederzeit präsent sind. Es gilt also, sich die Nutzen einzuprägen, wobei sich von den Techniken der Gedächtnistrainer lernen lässt. Manche Unternehmen haben das systematisiert – wie beispielsweise eine amerikanische Trainingsorganisation. Dort werden neuen Mitarbeitern an ihrem ersten Arbeitstag zunächst sämtliche Inhalte und Nutzen der Dienstleistungen demonstriert. Es folgt die Integration in ein spielerisches Gedächtnistraining, damit das Gelernte leicht verankert werden kann. Das Ergebnis ist verblüffend. Schon am Vormittag des ersten Tages kennen die neuen Mitarbeiter in der Regel alle Nutzen des Unternehmens und sind in der Lage, diese ohne Hilfsmittel zu beschreiben und zu erläutern. Der Manager of Instruction des Unternehmens kommentierte dies so: »Jeder unserer knapp zehntausend Mitarbeiter und Partner sollte weltweit in der Lage sein, wenn er um drei Uhr in der Nacht geweckt wird und nach unseren Nutzen gefragt wird, sofort alle Nutzen, die wir bieten, in der richtigen Reihenfolge mit den richtigen Worten aufzuzählen und beschreiben zu können.«[36]

Die Aral Service-Card GmbH prüfte die Wirksamkeit der Merktechniken in einem Pilotprojekt zur Angebotserstellung. Die Mitarbeiter sollten die Fähigkeit erwerben, die im Kundengespräch anhand eines kleinen blauen Miniatur-LKW-Modells vermittelten Vorteile im schriftlichen Angebot ebenso schlüssig anhand eines Bildes dieses Miniatur-LKWs zu beschreiben. Die Kunden würden damit diese Vorteile besser behalten und unter der Vielzahl von Angeboten leichter der Aral Service-Card GmbH zuordnen können. Der Erfolg des Projekts wurde vom Verkaufsleiter der Aral Card-Service GmbH bestätigt: »Seitdem wir im Gespräch aktiv mit dem blauen Aral LKW arbeiten und im Angebot darauf Bezug nehmen, fällt dem Team das Verkaufen leichter und es ist gleichzeitig erfolgreicher.«[37]

Das Unternehmen ins rechte Licht rücken

Bei aller Konzentration auf die Vermittlung der Nutzenvorteile darf eines nicht vergessen werden: Die Darstellung des Unternehmens, die auch in schriftlichen Angeboten wichtig ist. Schließlich werden vor allem höherwertige Produkte und Dienstleistungen immer auch mit Blick auf das dahinter stehende Unternehmen, auf dessen Renommee, Kompetenz und Image gekauft. Zumindest jedes umfangreiche Angebot sollte daher zur Positionierung des Unternehmens, zu seiner Geschichte sowie zu seinen Marken und Rechten Stellung nehmen.

Vielleicht der wichtigste Punkt: die Darstellung der *Unternehmenspositionierung*. Merkmale wie zum Beispiel das Marktführungspotenzial, die Unternehmensgröße oder die durch innovative Entwicklungen begründete Vorreiterrolle werden von vielen Kunden mit besonderer Leistungsfähigkeit assoziiert. Damit steigt der Abschlusswille, denn wer möchte nicht gerne Geschäfte mit der Nummer eins machen? Ob und warum ein Unternehmen die Nummer eins ist, beantwortet Checkliste 5.

Checkliste 5: Sind Sie die Nummer eins?[38]

1. Sind Sie die Nummer eins durch eine *Erfindung*? – Sony hat den Walkman erfunden, Hewlett-Packard den Laserdrucker. Gibt es eine technische Entwicklung oder Erfindung, bei der Sie der Erste sind?

2. Sind Sie die Nummer eins durch *Größe*? – Hertz ist die größte Autovermietung Amerikas, Betten Rid das größte Bettenhaus Münchens. Größe verspricht dem Kunden Leistungsfähigkeit. Können Sie der Größte für ihn sein, wenn vielleicht auch nur in einem Teilbereich oder in einer geografischen Region?

3. Sind Sie Nummer eins als *Produktspezialist*? – Wrigley's produziert ausschließlich Kaugummis und ist damit weltweit unangefochten die Nummer eins; Tetra ist weltweiter Marktführer für Zierfischfutter für Aquarien. Haben Sie sich als Steuerberater auf Erbschaftsrecht spezialisiert, als Rechtsanwalt Strategien für Temposünder entwickelt?

4. Sind Sie die Nummer eins beim *Preis*? – Aldi ist der billigste Discounter, Rolls Royce die teuerste Nobelmarke. Welche Extremposition können Sie besetzen?

5. Sind Sie die Nummer eins für einen *Verwendungsanlass*? – Pronuptia hat sich auf Brautkleidung spezialisiert, Isostar trinkt man nach dem Sport. So werden gezielt Anlässe abgeschöpft.

6. Sind Sie die Nummer eins durch Ihr *Vertriebssystem*? – Die wohl besten Beispiele für shopping-at-home sind Unternehmen wie Tupperware und Avon. Aber auch Dell mit seinem einzigartigen Direktvertrieb oder »Meine Familie & ich«, die als einzige Zeitschrift an den Kassen im Supermarkt erhältlich ist.

7. Sind Sie die Nummer eins in einer *Zielgruppe*? – So gibt es den Winzer Vogel, der unter anderem alle Familien mit dem Namen Vogel in Deutschland anschreibt, damit die ihren »eigenen« Vogelwein zu Hause trinken können. Oder die Frau, deren Großmutter an Sehschwäche litt und die sich deshalb darauf konzentriert, Versicherungen und sonstige Dienstleistungen an Blinde zu verkaufen. Eine Spezialisierung in die Tiefe statt in die Breite!

Ist ein Unternehmen im Hinblick auf einen dieser Punkte die Nummer eins, dann hat es eine Pole-Position inne. Diese sollte, mit der angemessenen Bescheidenheit, in schriftlichen Angeboten zum Ausdruck gebracht werden. Das gilt auch für eine *Unternehmenshistorie*, auf die mit Stolz zurückgeblickt werden kann. Gerade in Zeiten der Schnelllebigkeit und Hektik wird für viele Kunden die Frage nach dem Sinn unseres Handelns und Tuns immer bedeutender. Angebote können diese Frage auch dadurch beantworten, indem sie einen oder mehrere Blicke zurückwerfen. Überzeugungsprofis aus den USA liefern schon längst die Geschichte, die »Story« mit, die hinter dem Unternehmen beziehungsweise den Produkten steht. Ein gutes Beispiel dafür ist Nike, das in sehr emotionaler Weise die Herkunft seiner Sportschuhe erklärt und dabei auf den Beginn der Joggingkarriere in Amerika verweist. Heute haben Nike-Schuhe Kultstatus, was wohl nicht zuletzt auch mit der Geschichte des Unternehmens zusammenhängt.

Auch die *Marken und Rechte* eines Unternehmens sind geeignet, dieses ins rechte Licht zu rücken. Dafür genügt oft bereits das kleine »®« rechts oberhalb einer Bezeichnung, das auf den Schutz von Produktnamen oder Verfahren hinweist. Der Kunde zieht daraus Rückschlüsse auf eine eigene Forschungsabteilung des Unternehmens, selbst entwickelte Verfahren, fortschrittliche Produktionsweisen, Besitz von Alleinstellungsmerkmalen oder einfach darauf, dass er es mit dem Original und nicht einer bloßen Kopie zu tun hat.

Beispiel: Die Zambon Group Italien ist der Erfinder eines der wichtigsten Arzneimittel unserer Zeit, des Acetylcystein. In Deutschland ließ sie es unter dem Namen Fluimucil® (lateinisch sinngemäß: schleimverflüssigend) von der Tochtergesellschaft Zambon Vertriebs GmbH Deutschland vermarkten. Währenddessen wartete die Hexal GmbH auf den Verfall des Patentschutzes und bot dieses Mittel danach als generisches Arzneimittel an. Die Bereitschaft der Apotheker, dieses zusätzliche Arzneimittel zu listen, war gering, da sich das Original ja bereits auf dem Markt hervorragend etabliert hatte. Fast jeder Arzt verschrieb häufig das beliebte und wirksame Mittel Fluimucil®. Bei der Ausbildung von Ärzten in deutschen Krankenhäusern wird das Augenmerk jedoch sehr stark auf die Vermittlung von Wirkstoffnamen, in diesem Fall Acetylcystein, und nicht auf den Produktnamen (Fluimucil®) gerichtet. So schrieben die meisten Ärzte später nach ihrer Niederlassung die mittlerweile gebräuchliche Abkürzung ACC für Acetylcystein statt Fluimucil® auf die Rezepte. Der Apotheker jedoch wusste, was gemeint war und reichte dem Patienten das Produkt Fluimucil®. Hätte Hexal angemessen reagiert, so hätte es sein Nachahmerprodukt billiger als das Original angeboten, um Zambon damit zumindest einige Marktanteile abzujagen. Die Hexal GmbH wählte jedoch einen anderen Weg und ließ sich die übliche Abkürzung für Acetylcystein, den Begriff ACC, schützen und vermittelte dies in seinen Angeboten für die Apotheker. Das Resultat: Die Apotheker listeten nun ACC® akut von Hexal, und die Patienten erhielten dieses Produkt anstelle von Fluimucil®. Heute ist Hexal mit ACC® akut unangefochtener Marktführer in Deutschland.

Dieses Beispiel zeigt, welche Möglichkeiten ein Marken- oder Verfahrensschutz hat. Er dient nicht nur der rechtlichen Absicherung, sondern ebenso der positiven Wahrnehmung durch den Kunden. »Namen sind Botschaften, Philosophien und Konzepte, die im Kopf der Verbraucher konkret in einer Schublade abgelegt wurden und jederzeit aktivierbar sind«[39], bestätigt Peter Sawtschenko diese Erkenntnis. Zur Optimierung des Angebotes sind daher folgende Fragen zu beantworten:

- Welche Erfindungen oder Verfahren hat das Unternehmen bisher entwickelt?
- Welche Patente liegen vor?
- Welche Gebrauchsmuster wurden bisher geschützt?
- Welche Namen wurden beim Europäischen Patentamt eingetragen?
- Welche Wort-Bild-Marke existiert?

Geschickt in die Angebotsformulierungen eingebaut, sind die Antworten wichtige Puzzlesteine auf dem Weg zum überzeugenden Angebot.

Kapitel 6

Strategie: Überzeugen statt überreden

In diesem Kapitel werden folgende Themen behandelt:

▶ Branchenbezogene Glaubensmuster und Vorurteile der Kunden
   entkräften
▶ Überzeugungsstrategien durch Beweisführung
▶ Mit Garantien beim Kunden Vertrauen schaffen
▶ Entscheidungssicherheit aufbauen

»Wolltest du nicht schon immer mal ans Meer fahren? Und hatten wir nicht letzten Sommer beschlossen, das nächste Urlaubsziel würde ich auswählen? Also, komm, gib deinem Herzen einen Stoß und lass uns die zwei Wochen Karibik über Weihnachten buchen – natürlich in einem ruhigen Hotel!« – Frau Schmidt hatte es sich in den Kopf gesetzt, sich dieses Jahr den Stress mit Baumschmücken, Geschenkeverpacken, Kochen, Besuch bei den Schwiegereltern am ersten Feiertag und so weiter und so weiter nicht antun zu wollen. Als Fluchtmöglichkeit erschien ihr ein 14-tägiger Trip auf eine Insel in der Karibik, im 4-Sterne-Hotel, all inclusive und vor allem weit weg von deutscher Weihnachtsseligkeit. Eine gute Idee, wie sie fand, zumal da noch die zwei Wochen Resturlaub waren, die sie ohnehin noch bis Ende Januar nehmen musste. Einziges Problem: Ihr Mann war Weihnachten am liebsten zu Hause. Zwar hatte auch er sich schon mal über den Aufwand, die vielen Vorbereitungen und das Gedrängel beim Einkaufen geärgert, aber »Oh du fröhliche« unter karibischer Sonne? So erinnerte denn Frau Schmidt an die Abmachung vom letzten Sommer und den irgendwann einmal geäußerten Wunsch ihres Mannes nach ein paar freien Tagen am Meer. Doch: Wenn Herr Schmidt sich nun zum Buchen der Karibik entschließen wird, so wird er es nicht aus Überzeugung tun, sondern weil er überredet wurde.

Auch im Geschäftsleben erfreut sich die Taktik des Überredens großer

Beliebtheit. Meist nur zum kurzfristigen Vorteil des Unternehmens, denn Kunden, die nur überredet, nicht aber wirklich überzeugt sind, werden selten zu Stammkunden, die allein für stabilen Umsatz sorgen. Zudem lebt die Kunst der Überredung vom persönlichen Gespräch, führt also in schriftlichen Angeboten kaum zum Erfolg. Hier ist es deshalb unabdingbar, das Gegenüber von den angebotenen Produkten und Dienstleistungen zu überzeugen. Im Beispiel der von Frau Schmidt anvisierten Urlaubsreise hieße das: Ihr Mann müsste zu einem »Ja, das möchte ich wirklich gerne machen« anstelle eines »Na gut, dann buche das eben, wenn du unbedingt willst« gebracht werden.

Während Frau Schmidt im Gespräch auf die Antworten und Fragen ihres Mannes reagieren kann, müssen Unternehmen in ihren schriftlichen Angeboten vieles voraussehen und entsprechend berücksichtigen (siehe Checkliste 6).

Checkliste 6: So argumentieren Sie überzeugend

1. Überzeugen Sie, indem Sie mögliche *Einwände entkräften!*

2. Der durchdachte Umgang mit Vorurteilen, Bedenken und Einwänden der Kunden ist zentraler Bestandteil jeder Argumentation. Auch wenn die Vorbehalte nicht direkt ausgesprochen werden, spielen sie im Entscheidungsprozess des Kunden eine wichtige Rolle.

3. Überzeugen Sie, indem Sie schlüssige *Beweise liefern!* Beweise sind Formulierungen und Werkzeuge, die Aussagen und Behauptungen glaubhaft machen.

4. Überzeugen Sie, indem Sie *Garantien geben!* Garantien bauen zusätzliches Vertrauen in Ihre Produkte und Dienstleistungen auf.

5. Überzeugen Sie, indem Sie die *Gesetze der Wahrnehmungspsychologie nutzen!* Nicht alles, was in einem Angebot steht, wird auch (richtig) wahrgenommen. Die Beachtung einiger Regeln hilft dabei, die gesendeten Botschaften in der gewünschten Weise beim Kunden ankommen zu lassen.

6. Überzeugen Sie, indem Sie auch *Bilder sprechen lassen!* Viele Inhalte werden schneller verstanden und bleiben nachhaltiger haften, wenn sie zusätzlich zu Worten auch durch Bilder und Grafiken vermittelt werden.

7. Überzeugen Sie, indem Sie *Prozesse und Abläufe veranschaulichen!* Der Aufwand hinter den Produkten und Dienstleistungen kann vom Kunden besser nachvollzogen und wertgeschätzt werden, wenn er ihm veranschaulicht wird.

8. Überzeugen Sie, indem Sie Ihr *Unternehmen darstellen!* Zu jedem Unternehmen gehört eine Geschichte, gehören Marken und Innovationen. Alles dies transportiert Kompetenz und erzeugt Vertrauen.

9. Überzeugen Sie, indem Sie *auf Besonderheiten verweisen!* Brands, Claims und die damit verbundene Intensivierung der Erlebnisqualität können die Aussagen eines Angebotes stützen.

Nicht von ungefähr steht an erster Stelle dieser Liste das Thema Einwandbehandlung, denn ohne Entkräftung seiner Vorbehalte lässt sich kein Kunde hundertprozentig überzeugen.

Bedenken entkräften

Bedenken und Einwände, Ängste und Vorurteile verhindern oftmals Kaufentscheidungen und sind deshalb besonders zu beachten. Es reicht daher für eine wirkungsvolle Kommunikation nicht, dem Kunden die Vorzüge der Angebote nahe zu bringen – selbst dann nicht, wenn diese individuelle Nutzen sind. Treffend formuliert der Volksmund dies mit der Aussage: »Wer mit dem ›Ja, aber‹ richtig umgeht, wird viele ›Ja, aber‹ umgehen.« Auch mit »Das ›Nein‹ oder ›Vielleicht‹ zum ›Ja‹ machen« ist das Ziel präzise beschrieben. Um es zu erreichen, ist zunächst einmal eine Unterscheidung notwendig in

1. die Vorurteile des Kunden gegenüber einer Branche oder gegenüber einem Anbieter sowie
2. die Einwände des Kunden gegenüber den im Angebot präsentierten Produkten und Dienstleistungen.

In beiden Fällen spielt es keine Rolle, ob die Vorurteile und Einwände vom Kunden ausführlich dargelegt, nur kurz erwähnt, lediglich angedeutet oder gar nicht explizit ausgesprochen wurden. Gerade die Punkte, die den Kunden vielleicht sogar nur auf der Ebene des Unterbewusstseins beeinflussen, sind zu beachten, weil sie nicht selten bei der Wahl zwischen verschiedenen Angeboten das Zünglein an der Waage sind.

Solche eher unbewusst vorhandenen Kaufhemmnisse sind meist negative Vorurteile. Und selbst wenn der Kunde sich ihrer bewusst ist, verschweigt er sie oft, weil sich niemand als vorurteilsbehaftet outen möchte. Wie also lassen sich diese einflussreichen Vorurteile ausräumen, die nicht mit offenem Visier vorgetragen werden? Eine anspruchsvolle Aufgabe, denn natürlich muss das Unternehmen einer eventuellen Voreingenommenheit erst einmal auf die Schliche kommen.

Es gilt herauszufinden, was die Kunden über das jeweilige Unternehmen, seine Branche, seine Produkte und Dienstleistungen, seine Mitarbeiter und seine Außendarstellung denken. Das wird in der Literatur auch »Überzeugungen des Kunden«[40] genannt und beinhaltet eine offene Menge an Glaubenssätzen, die der Kunde braucht, um ein Angebot zu unterschreiben – oder die dazu führt, dass er genau dies nicht tut. Insbesondere bei allen Nicht-Käufern stellen sich die Fragen:

1. Was hat der Kunde geglaubt, da er nicht gekauft hat?
   und
2. Was hätte der Kunde glauben müssen, um zu kaufen?

Beispiele für stark verbreitete branchenbezogene Glaubenssätze zeigt Tabelle 3.

Ein Ziel von Marktforschung und Kundenbedarfsanalyse ist es, diese und ähnliche Glaubensmuster oder Überzeugungen der Kunden und der Nicht-Kunden herauszufinden. Unternehmen, die sich die Mühe dieser Detektivarbeit machen, profitieren enorm davon, denn sie können die Ergebnisse – und die Folgerungen daraus – gewinnbringend für die Erstellung ihrer Angebote nutzen. Die Serviceexpertin Sabine Hübner aus Düsseldorf meinte dazu: »In den ersten zwei Jahren unserer Unternehmensgründung hatten wir ein großes Plakat in unserem Büro, wir nannten es ›Plakat der Kundendenke‹. Nach jeder Präsentation haben Mitarbeiter die neuen Erfahrungen über das Denken unserer Kunden dort eingetragen, damit wir so viel wie möglich darüber lernen konnten, wie unsere Kunden uns wahrnehmen. Wir haben dies bei der Erstellung unserer Angebote berücksichtigt. Das empfehle ich heute auch meinen Kunden in der Beratungspraxis mit großem Erfolg.«

Tabelle 3: Glaubensmuster und Überzeugungen der Kunden

Branche	Vorurteile
Finanzdienst-leister	»Die wollen mich doch nur übervorteilen.«
Seminarteil-nehmer	»Ein Training bringt nichts«, »Die Umsetzung ist unmöglich«, »Der ›Strohfeuereffekt‹ ist zu hoch«.
Steuerberater	»Der vertieft sich viel zu wenig in meine spezielle Situation«, »Der schöpft sicher nicht alle Möglichkeiten zur Steuerersparnis aus«, »Mit einem guten Programm kann ich das am Computer auch selbst machen«.
Softwarebranche	»Selbst wenn die Software gut sein sollte, so ist die Implementierung in der Regel viel zu aufwändig«, »Never change a running system«.
Immobilienmakler	»Makler bekommen eine Menge Geld und dabei investieren sie nur wenige Minuten für eine Besichtigung«, »Dem Makler ist es doch egal, welche Bedürfnisse ich habe. Der will nur seine Objekte loswerden«.
Wohnungsbau-unternehmer	»Am Ende wird das Haus bestimmt viel mehr kosten, als mir jetzt gesagt wird.«
Unternehmens-beratung	»Die haben doch nur eine fertige Lösung und suchen dafür das passende Problem, statt sich um meine tatsächlichen Probleme zu kümmern und diese zu lösen.«

Wolfgang Pagany, ein Unternehmer aus der Heizungsbau- und Sanitär-branche, hat sich die Glaubensmuster seiner (potenziellen) Kunden besonders zu Herzen genommen. Er entwickelte aus ihnen seine USP, die Unique

Selling Proposition oder das Alleinstellungsmerkmal: »Die Hauptvorurteile, die viele Kunden gegenüber Handwerkern haben, sind oftmals, dass sie schlampig arbeiten, das Haus dreckig machen und auch noch dreckig zurücklassen.«[41] Pagany hat deshalb in seinen Angeboten ein Sauberkeitsversprechen abgegeben, das mittlerweile für viel kostenlose Öffentlichkeitsarbeit gesorgt hat: »Die durch zahlreiche Publikationen bekannt gewordene Firma Pagany in Augsburg hat diesen Anspruch wörtlich genommen und lässt die Bad-Fertigmontage mit weißer Fliege und in weißen Handschuhen durchführen. Übrigens werden bei Pagany ausschließlich Nichtraucher eingestellt und beschäftigt, sodass die Problematik ›Rauchen‹ von vornherein nicht auftauchen kann.«[42] Das hat für Aufmerksamkeit und einen »sauberen« Ruf gesorgt.

Ein weiteres Beispiel zeigt, wie sinnvoll es ist, bekannte, immer wiederkehrende Vorurteile, Gerüchte, Bedenken und Einwände durch geeignete Textpassagen in Angeboten zu entkräften: Vor einigen Jahren kursierte die in den meisten Fällen unberechtigte Vermutung, dass Beratungsunternehmen zur Scientology Organisation gehören. Dies wurde in Angeboten von Unternehmen mit Erfolg beispielsweise so entkräftet: »Um sich ganz eindeutig von unseriösen Machenschaften diverser Sekten und Geheimgesellschaften abzugrenzen, hat Hermann Scherer die ›Erklärung deutscher Wirtschaftstrainer und Personalentwickler gegen den Einfluss der Scientology Organisation auf die Erwachsenenbildung‹ von Prof. Dr. Walter Simon, Innovationsteam für Produktion und Wirtschaft, Bad Nauheim, unterzeichnet.«

Bei der Fahndung nach möglichen Bedenken des Kunden hilft es, sich in den Kunden hineinzuversetzen (siehe Checkliste 7).

Checkliste 7: Welche Fragen stellt Ihr Kunde – und welche Antworten gibt er sich?

1. Wird das Unternehmen seine Versprechen einhalten?
2. Ist das Unternehmen auch nach dem Abschluss noch für mich da?
3. Welche Kosten für die Serviceleistungen des Unternehmens kommen auf mich zu?

4. Wird es mit dem angebotenen Produkt oder bei der angepriesenen Dienstleistung Störungen geben?

5. Wie werden meine Mitarbeiter mit dem Produkt oder der Dienstleistung zurechtkommen?

Wie sich der Kunde diese Fragen beantwortet, kann für seine Kaufentscheidung ausschlaggebend sein. Selbst wenn er sich die Fragen nicht ausdrücklich, nicht systematisch, vielleicht nicht einmal bewusst stellt: Sie sind auf jeden Fall in seinem Kopf. So überlegt sich Herr Schmidt, ob das Hotel wirklich – wie von seiner Frau versprochen – ruhig ist und nicht der für die Karibik übliche Trubel (Vorurteil!) herrschen wird. Und ob das nächste Ziel dann wieder von ihm bestimmt werden darf, wie ausgemacht. Hätte die karibikhungrige Frau Schmidt ihm diese Fragen bereits in ihrem »Angebot« zufriedenstellend beantwortet, wäre sie bereits ein Stück weiter auf dem Weg zur Überzeugung statt Überredung.

Beweisen statt behaupten

Die Entkräftung von Einwänden und die Widerlegung von Vorurteilen haben einen Haken: Sie müssen glaubwürdig sein. Schließlich lässt sich viel behaupten, doch wenn der Beweis fehlt, reizt so etwas lediglich zu weiterem – und offenem – Widerspruch. Die treffendsten Aussagen und positivsten Formulierungen in schriftlichen Angeboten nützen nichts, wenn sie der Kunde bei seiner Entscheidungsfindung mit »Stimmt das oder stimmt das nicht?« quittiert. Es gilt: Wer fragt, der führt, wer begründet, der überzeugt und wer beweist, ist glaubhaft. Also ist eine stimmige Beweisführung nötig, für die es mehrere Möglichkeiten gibt, zum Beispiel relevante und ihrerseits glaubwürdige *Referenzen*.

Zwar haben viele Unternehmen Listen ihrer Kunden, doch selten werden diese in die Angebote integriert. Dabei sind Referenzen nach wie vor ein wesentliches Mittel, um Kompetenz und Glaubwürdigkeit weiter aufzubauen und zu belegen. In manchen Branchen oder bei Veranstaltungen gilt der Satz: »Die Tatsache, wer da war, entscheidet darüber, wer hingehen wird.« Zudem wird in unserem Kulturkreis dem geschriebenen Wort oft mehr Bedeutung beigemessen als dem gesprochenen – was Referenzen in schriftlichen Angeboten besonders wertvoll macht. Zu den Varianten der Darstellung zählen:

- Namen der zufriedenen Kunden,
- Logos der zufriedenen Kunden,
- eingescannte Visitenkarten der Kunden,
- Testimonials: Aussagen von zufriedenen Kunden,
- Zufriedenheitsstatistiken und Auswertungen,
- Referenzbriefe oder E-Mails der Kunden,
- Fotos der angebotenen Produkte oder der Erbringung der angebotenen Dienstleistungen mit den zufriedenen Kunden, zum Beispiel:
  - der stolze Autobesitzer mit dem neuen Auto,
  - der Industriekunde mit den neuen Maschinen,
  - der Hausbesitzer mit dem neuen Haus.

Besonders wirkungsvoll sind Testimonials und Referenzaussagen wie zum Beispiel die folgende: »Möchte mich auf diesem Wege nochmals bei Ihnen für den Superkurs bedanken. So, nun bin ich seit dem 12. Juni wieder in Shanghai und gestern habe ich den nächsten Auftrag reingeholt, diesmal eine Schokoladenfabrik. Volumen 2 500 000 US-Dollar. Wir haben nun unsere Vorgaben für dieses Geschäftsjahr schon übererfüllt. Ich werde viele Topics von diesem Kurs in mein Geschäftsgebaren einfließen lassen und bin mir sicher, das kommt gut an. Verbleibe mit bestem Gruß.«[43]

Eine weitere Variante eines Beweises ist die Demonstration des *Vorher-Nachher-Effektes*. Dieser kann auch als Ariel-Effekt bezeichnet werden, weil die Vorführung der bekannten Ariel-Werbefigur Klementine wohl das bekannteste Beispiel für einen Beweis nach der Methode der Gegenüberstellung ist. »Ohne Ariel gewaschen – mit Ariel gewaschen«[46] – nahezu jeder Fernsehzuschauer kennt die beeindruckende Wirkung des Vergleichs von einem noch fleckigen mit einem strahlend sauberen Kleidungsstück. Er illustriert den Unterschied, der den Unterschied macht. Für die Erstellung eines Angebotes ergibt das die Maxime, die Vorstellungskraft des Empfängers zu unterstützen (siehe Checkliste 8).

Insbesondere durch die 3-Schritt-Methode kann nicht nur der Beweis einer positiven Wirkung des eigenen Angebotes erbracht, sondern auch Unsicherheit bezüglich der Angebote des Wettbewerbs aufgebaut werden. Das gilt auch für die Referenzen, wenn sie der Konkurrent nicht hat. Beides, Vorher-Nachher-Demonstrationen und Referenzen, sind jedoch nur Bei-

Checkliste 8: Beweisen mit Vorher-Nachher-Effekt

1. Beschreiben Sie die Situation Ihres Kunden nach der Kaufentscheidung!
2. Verwenden Sie konkrete Beispiele!
3. Zeigen Sie alle Konsequenzen und Auswirkungen auf!
4. Verwenden Sie die 3-Schritt-Methode:
   - Verfahren: Welches Produkt, welche Dienstleistung bieten Sie dem Kunden?
   - Wirkung: Was wird durch dieses Produkt oder diese Dienstleistung erreicht?
   - Unterscheidung: Wodurch unterscheidet sich diese Wirkung von der eines »herkömmlichen« Angebotes?

spiele für Strategien des Überzeugens durch Beweisführung. Zur erhöhten Glaubwürdigkeit der in Angeboten aufgeführten Daten und Nutzenvorteile können dienen:

- *Analogien* (Entsprechungen, Ähnlichkeiten) helfen dabei, anderen etwas deutlich zu machen, ohne dabei als »Oberlehrer« zu erscheinen. Eine Analogie ist der Transfer von etwas Bekanntem auf etwas Unbekanntes. Gerade in Angeboten sorgt dies dafür, dem Kunden neue Sachverhalte näher zu bringen. Beispiel: »›Sie können bei den Stühlen und Tischen die Höhe variieren‹, sagte sie, um die Menschen besser in die Gefühlswelt bekannter Bereiche einzubinden: ›Ähnlich wie in einem Auto, bei dem sich sowohl der Sitz als auch das Lenkrad in Höhe und Neigung auf den einzelnen Fahrer einrichten lassen, so lassen sich auch bei unserem System Tischhöhe und Sitzhöhe genauso einfach und flexibel verstellen.‹«[45]
- *Beispiele* entsprechen am besten der Art und Weise, wie unsere Wahrnehmung und unsere Erinnerung funktionieren, da sie die drei zentralen Fragen unseres Erinnerungsvermögens am bildhaftesten beantworten. Diese drei Fragen lauten:
  - Wann war es?
  - Wo war es?
  - Was war es?
  Zu den Beispielen zählt auch der bereits erwähnte Vorher-Nachher-Effekt.

- *Expertenzeugnisse* sind Aussagen von Experten oder solchen, die dafür gehalten werden. Dazu zählen:
  - erfolgreiche Anwender,
  - Interessengemeinschaften,
  - Kommissionen,
  - Menschen, die ein hohes Vertrauen genießen und denen eine Kompetenz zugesprochen wird,
  - Stiftung Warentest,
  - TÜV,
  - Verbraucherschutzorganisationen,
  - Vergabestellen von Qualitätsabzeichen oder Gütesiegeln.
- *Metaphern oder Gleichnisse* aktivieren 80 Prozent unseres Nervensystems im Gehirn, während mit analytischer, abstrakter Ausdrucksweise nur 7 Prozent erreicht werden. Metaphern führen dadurch zu Aha-Erlebnissen in emotionalen und nichtbewussten Bereichen. Alle (ausnahmslos alle) Weisheitsbücher der Menschheit, die über Jahrtausende aktuell geblieben sind, transportieren ihre Aussagen in erster Linie über Metaphern oder Gleichnisse. Und: Alle – ausnahmslos alle – großen Redner nutzen die Überzeugungswirkung von Metaphern und Gleichnissen. Sie lassen die Botschaft besser im Gedächtnis haften und erlauben das Vermischen einer Vielzahl von Beeinflussungstechniken wie zum Beispiel direkte Rede, verdeckte Appelle, Suggestion. Metaphern haben einen hohen Aufmerksamkeits- und Unterhaltungswert. Sie entspannen den Leser oder Zuhörer und erlauben, viele Dinge mit Humor oder einem Lächeln zu sagen. Metaphern sind der Inbegriff effizienten Lernens, also des kreativen Prozesses, einen unbekannten Sachverhalt in Beziehung zu etwas Bekanntem zu setzen. Schließlich erlauben Metaphern, komplexe Sachverhalte allgemeinverständlich zu illustrieren, ohne dass dabei an Tiefgang eingebüßt wird.
- *Referenzen* (siehe oben)
- *Schaustücke oder Modelle* beziehungsweise Abbildungen und Darstellungen davon können einen positiven, das Verständnis fördernden Einfluss in Angeboten ausüben. Nicht umsonst heißt es »Ein Bild sagt mehr als tausend Worte«.
- *Statistiken*, statistische Auswertungen und andere Kennzahlen bieten entscheidungsrelevante Ziffern und damit eine zusätzliche Bewertungsgrundlage für den Kunden.

- *Vorführungen oder Demonstrationen* beziehungsweise Darstellungen davon lassen sich gut in Angebote integrieren. Zumeist wird dabei ein weiteres Medium, wie zum Beispiel Video, Bildserien oder DVD verwendet.

Was kann Frau Schmidt aus dieser Aufzählung lernen? Zum Beispiel, dass sie beim nächsten Überzeugungsversuch ihre Freundin um einen kurzen Bericht über deren letzten Karibik-Urlaub bittet. Die hat nämlich in genau dem Hotel, das Frau Schmidt sich für kommendes Weihnachten ausgesucht hat, im letzten Winter gewohnt und kam begeistert zurück. Positive Worte einer »Augenzeugin« werden auf Herrn Schmidt sicher Eindruck machen – ebenso wie beispielsweise die beiden Auszeichnungen, die eben jenes Hotel bei einem Vergleich von unabhängigen Testern erhielt. Und warum nicht zusätzlich mit ein paar schönen Bildern oder gar einer DVD über die Karibik »arbeiten«? Schließlich gilt es zu überzeugen und nicht nur zu überreden!

Garantien schaffen Vertrauen

Es ist ein Unterschied, ob der Kunde lediglich hoffen darf, dass der Kauf eines Produktes mit kostenlosen Serviceleistungen einhergeht, oder ob dieser Service vorher garantiert wird. Selbst wenn für das anbietende Unternehmen klar ist, welche Zusatzleistungen welche Produkte begleiten: Woher soll das der Kunde wissen? Was ihm nicht vorher ausdrücklich mitgeteilt wird, mündlich oder besser schwarz auf weiß, das kann er sich allenfalls in seiner Fantasie ausmalen. Das Auftauchen von Fragen wie »Und wenn es diese Ersatzteile nach einem Jahr nicht mehr gibt?« oder »Aber was ist, wenn bei einem Störfall niemand erreichbar ist?« lässt sich so nicht vermeiden. Für das Unternehmen heißt das: Zweifel aktiv ausräumen und Leistungen explizit darstellen! Eine Möglichkeit der Umsetzung besteht darin, Garantien und Versprechen zu betonen.

Die Formulierung des Angebotes beantwortet meist die Frage »Was wird als Leistung erbracht?«, nicht jedoch die ebenso wichtige Frage »Wie wird die Leistung erbracht?«, also unter welchen Umständen und mit welchem Service. Erstaunlicherweise findet man dieses Defizit vor allem bei Unternehmen, die ihre Produkte und Dienstleistungen in ein äußerst professionell konzipiertes Paket eingebettet haben und eine Menge Positives, ja eventuell Einmaliges zu kommunizieren hätten, das aber nicht tun. Sie gehen von der falschen Annahme aus, dass das selbstverständlich ist, und verschweigen deshalb, womit sie bei ihren potenziellen Kunden punkten könnten. »Das ist doch nicht der Rede wert«, würden die Verkäufer solcher Unternehmen kommentieren, doch das ist ein Fehlurteil: Alles, was für den Kunden interessant und ein Grund für den Kauf sein könnte, verdient in jedem Fall kommuniziert zu werden.

Die Langer Elektrotechnik GmbH in Varel hat dies durch die Formulierung ihrer Leistungen in zwölf Garantien beschrieben:[46]

1. *Dringlichkeits-Garantie*
   Es gilt unser exklusives Versprechen: Spätestens 30 Minuten nach Ihrem dringenden Anruf sind wir für Sie auf der Autobahn.

2. *52 x 7 x 24-Garantie*
   Wir stehen Ihnen 365 Tage – rund um die Uhr 24 Stunden – zur Verfügung.

3. *Ausstattungs-Garantie*
   Für Sie »auf Achse«: Unsere Fuhrparkflotte besteht aus 30 Fahrzeugen, darunter Hubsteiger, Montagebühnen, LKWs und ein Ladekran.

4. *Lager-Garantie*
   Auf unserem 7000 Quadratmeter großem Betriebsgelände mit einer über 250 Quadratmeter großen Werkstatt und einem über 500 Quadratmeter großen Lager halten wir ständig über 4000 Artikel für Sie bereit.

5. *Qualitäts-Garantie*
   Über 90 Prozent der ortsansässigen Industriebetriebe nehmen unsere Leistungen in Anspruch.

6. *Zertifizierungs-Garantie*
   Wir sind das einzige von Siemens zertifizierte Unternehmen für den Bau von TSK-Schaltanlagen in Nordwest-Deutschland.

7. *Gewährleistungs-Garantie*
   Wir bieten Ihnen auf alle Materialien (mögliche physikalische Lebens-

dauer vorausgesetzt) der Gebrauchsteile zwei Jahre und auf alle anderen Leistungen fünf Jahre Garantie.

8. *Termin-Garantie*
Wir garantieren Ihnen, dass durch unser Verschulden kein Termin verschoben werden muss. Denn wir halten jeden Termin ein. Garantiert.

9. *Kontinuitäts-Garantie*
Unsere Mitarbeiter – wir setzen grundsätzlich kein Leihpersonal ein – haben ein Durchschnittsalter von 37 Jahren und sind seit durchschnittlich zwölf Jahren bei uns »an Bord«. Für Sie bedeutet das: Unsere Mitarbeiter sind erfahren, loyal, leistungsorientiert und hervorragend aufeinander eingespielt!

10. *Dokumentations-Garantie*
Stromlaufpläne, Aufbaupläne (von außen nach innen) Kabelliste für die Verdrahtung, Stücklisten mit allen Artikeln, Inhaltsverzeichnis, Klemmpläne, Prüfprotokolle für Schaltschrank, Prüfprotokolle für Anlagentechnik, Leistungsschild, Herstellererklärung, Bestandspläne, Gebäudepläne. Ihr Nutzen: messbare Zeitersparnis. Unsere Leistungen sind 100 Prozent nachvollziehbar dokumentiert, und spätere Aufträge sind ohne lange Vorbereitungen und ohne langes Hineinlesen durchführbar. Störungen werden sofort gefunden – und nicht nach dem Prinzip »Wer suchet, der findet«.

11. *Erreichbarkeits-Garantie*
Über unsere E-Mail-Adresse und unsere Hotline können Sie uns ständig erreichen.

12. *Berater-Garantie*
Zu unserem über 80-köpfigen Team gehören sechs Ingenieure, zwei Techniker und acht Meister. Sie finden für jeden Fachbereich Ihren qualifizierten Fachmann (oder Fachfrau). Unsere Ausbildung gilt als vorbildlich: Von unseren Lehrlingen wurden schon viele Landessieger und Kammersieger.

Das Motto »Versprochen ist versprochen« gilt auch für die Thoms Energieservice GmbH in Garbsen bei Hannover. Weil viele Kunden mangelnde Sauberkeit beim Einbau einer Heizungsanlage fürchten, entwickelte das Unternehmen die Thoms 10-Punkt-Sauberkeitsgarantie[47]:

- Wir legen alle Bereiche mit Folien aus.
- Wir entsorgen den Müll umweltgerecht.
- Wir tragen immer saubere Kleidung.
- Wir ziehen Überschuhe an.
- Wir verwenden saubere Werkzeuge.
- Wir bringen unsere Putzbox mit.
- Wir kommen in sauberen Fahrzeugen.
- Wir haben Nichtraucher im Einsatz.
- Wir machen Ihnen alles wie neu.
- Wir fegen auch da, wo Sie es schon immer mal tun wollten.

Diese oder ähnliche Formulierungen zerstreuen mögliche Bedenken der Kunden, bevor sie überhaupt ausgesprochen wurden. Nicht selten sind Garantien dieser Art ein Alleinstellungsmerkmal. In vielen Fällen beschleunigen sie die Entscheidung und erhöhen die Abschlusssicherheit, wie folgende E-Mail der Kröckel Wohnbau GmbH an ein Trainingsunternehmen beweist: »Eine Erfolgsmeldung: Sofort nach unserem Seminar bei Ihnen sind wir nach Hause und haben unsere 10-Punkte-Garantie erstellt. Zwei Tage später Termin mit Kunden zur Angebotsvorlage und Auftrag. Wir sind uns sicher, dass dieser Garantieplan ein entscheidender Punkt für die Kundenentscheidung war. Nochmals vielen Dank.«[48]

Neben den Garantien, welche die Lieferung eines Produktes oder Durchführung einer Dienstleistung betreffen, können auch Gewährleistungsgarantien gegeben werden. Auch diese üben großen Einfluss auf die Entscheidung der Kunden aus, indem sie Sicherheit verleihen. Denn: Ist der Kunde nicht zufrieden, braucht er beispielsweise gar nicht – oder nur weniger als vereinbart – zu bezahlen. Bei einem Trainingsunternehmen könnte eine solche Gewährleistungsgarantie zum Beispiel so aussehen:

»*Cash for success:* Der Markt für Spezialdienstleistungen ist kaum zu überschauen – die Qualität der gebotenen Leistungen oft schwer einzuschätzen. Um bei Ihnen Entscheidungssicherheit aufzubauen, haben wir uns dazu entschlossen, Ihnen – wie allen unseren Kunden – eine 100-prozentige Zufriedenheitsgarantie zu gewähren! Ganz konkret bedeutet dies, dass wir Ihnen das Recht einräumen, bei begründeten Beanstandungen an der Leistung entsprechende Abzüge an der zuvor vereinbarten Investitionssumme vorzunehmen. Wenn Sie zu 100 Prozent zufrieden sind, leisten Sie 100 Prozent der vereinbarten Investition. Wenn Sie allerdings nur zu 50 Prozent zufrieden sein sollten, dann leisten Sie dementsprechend auch nur 50 Prozent ... (was bisher allerdings noch nie in Anspruch genommen wurde).«

Auch bei Produkten sind Gewährleistungsgarantien möglich – etwa in Form eines Umtauschrechts, das weit mehr als die üblicherweise gewährten Fristen umfasst. So hat Lands' End, ein Versandhaus für Kleidung, sich darauf spezialisiert, seinen Kunden eine lebenslange Garantie zu geben. Wer bei diesem Unternehmen kauft, der kann sich darauf verlassen, die Artikel auch nach vielen Jahren noch anstandslos zurückgeben zu können. Ob das finanziell tragbar ist? Ja, denn die Rücksendequote ist mit unter einem Prozent sehr gering und fällt im Verhältnis zur positiven Aufmerksamkeit, die Lands' End durch seine Gewährleistungsgarantie erreicht, überhaupt nicht ins Gewicht.

Garantien wie die des Trainingsunternehmens oder die von Lands' End sind äußerst verbraucherfreundlich, mindern sie doch das Risiko des Kunden enorm. Dennoch spielt der deutsche Gesetzgeber bei manchen Gewährleistungsgarantien nicht mit. So garantiert etwa Tupperware lebenslange Qualität, was bedeutet: Kunden können weltweit ohne zeitliche Begrenzung einmal gekaufte Tupperware-Produkte umtauschen, sofern diese bei sachgerechtem Gebrauch kaputt gegangen sind. In Deutschland allerdings sind solche Versprechen gesetzwidrig, denn hier werden alle Garantien auf eine maximale Dauer von 30 Jahren beschränkt. Andererseits werden einige Garantien zum Zwecke des Verbraucher- und Kundenschutzes vom deutschen Gesetz verbindlich vorgeschrieben. Doch viele Unternehmen erwähnen selbst diese Garantien in ihren Angeboten nicht, obwohl sie im Falle eines Falles ohnehin zur Gewährleistung gezwungen sind.

Verpasste Chancen, denn es gilt: Nur das, was kommuniziert wird, kann positiv wirken! Das sollten nicht nur die Unternehmen beherzigen, die ihre Garantien verschweigen, sondern auch Frau Schmidt. Ihr Traum vom Weihnachten in der Karibik ließe sich vermutlich um einiges leichter (und ohne Streit im Nachhinein) erfüllen, wenn sie ihrem Mann Garantien geben würde. Beispielsweise durch Verheißungen wie »Du musst dich um nichts kümmern. Die Buchung und die Vorbereitungen – das erledige alles ich«. Oder durch Präsentation einer Reiserücktrittsversicherung, die Herrn Schmidts Bedenken für den Fall einer plötzlichen Erkrankung zerstreuen. Und warum nicht nebenbei einen Reiseprospekt mit Schwerpunkt Griechenland, dem Lieblingsland ihres Mannes, überreichen? Das würde dem

Versprechen, er dürfe das Reiseziel für den kommenden Sommer auswählen, zusätzlich Glaubwürdigkeit verleihen.

Entscheidungen zementieren

Bei nahezu jedem Produkt und jeder Dienstleistung gibt es für den Kunden Alternativen. Die Überzeugungskraft eines Angebotes ist daher stets eine relative, das heißt, sie muss im Vergleich zu der von Konkurrenzangeboten beurteilt werden. Durch die zunehmende Globalisierung und das Aufgehen lokaler Märkte im internationalen Markt hat dieser Punkt heute wesentlich mehr Bedeutung als früher. Müsste etwa eine Frau in einem abgelegenen Dorf beispielsweise in Nepal ihren Partner unter nur hundert Männern auswählen, wird sie schnell Kompromisse zwischen ihren Ansprüchen und der Realität des beschränkten Angebotes schließen. Bei einem Single, der nicht nur jeden Abend zu einem anderen Happening geht und beruflich Dutzende von Menschen kennen lernt, sondern auch noch in den Kontaktbörsen des Internets stöbert, sieht das ganz anders aus. Ein potenzieller Partner, der ihn überzeugen will, muss sich deutlich aus der Masse der »Mitbewerber« herausheben.

Analog ist die Situation beim Kauf von Produkten. Beispiel: Dem Kunden liegen die Angebote A und B vor, deren Leistungen annähernd gleich zu sein scheinen, die sich aber im Preis unterscheiden. Ist A teurer als B, so wird der Kunde mit hoher Wahrscheinlichkeit zu B greifen. Wenn aber nun A zehn Pluspunkte mehr als B hat (oder diese besser kommuniziert), dann wird der Kunde eventuell trotz der höheren Kosten A wählen. Dem Hersteller von A ist es damit gelungen, Entscheidungssicherheit aufzubauen. Es ist jedoch auch möglich, dass der Kunde beim B-Hersteller anruft und fragt, ob er bei ihm auch diese zehn Pluspunkte erwarten dürfe. Bei einer Antwort wie »Nein. Wie kommen Sie darauf? Das haben wir nicht« wird A noch eindeutiger die Nase vorn haben. Wenn aber nun das Unternehmen B die Pluspunkte auch zusagt, dürfte wiederum der Preis die Waagschale im Kopf des Kunden zugunsten von B ausschlagen lassen. Auch für diesen Fall gibt es jedoch für den Hersteller des höherpreisigen Produktes eine Möglichkeit, gegenüber dem Konkurrenten das längere Streichholz zu ziehen. Die Lösung: Pluspunkte, die möglicherweise auch der andere Hersteller hat, mit pfiffigen Bezeichnungen belegen. Kann der Kunde beispielsweise rund um die Uhr und jeden Tag einen Mitarbeiter über eine Hotline erreichen, so wird dies üblicherweise als »Erreichbarkeit rund um die Uhr« propagiert. Umschreibt Hersteller A diesen Vorteil jedoch als »52 x 7 x 24-Pluspunkt« (Hotline 52 Wochen à 7 Tage à 24 Stunden besetzt), hat er damit eine ausgefallene Formulierung gewählt. Fragt der Kunde den Hersteller B »Bieten Sie denn auch die 52 x 7 x 24-Garantie?«, so wird er mit nahezu hundertprozentiger Wahrscheinlichkeit eine abschlägige Antwort erhalten – und schon ist Produkt A wieder in der Gunst des Kunden gestiegen, die Entscheidung für A zementiert.

Der Aufbau von Entscheidungssicherheit bezüglich der eigenen Angebote und die Erzeugung von Entscheidungsunsicherheit gegenüber den Angeboten des Wettbewerbs gehören untrennbar zusammen. Sie sind zwei Seiten derselben Medaille. Für Frau Schmidt bedeutet diese Erkenntnis, dass sie ihr Karibik-Traumhotel nicht nur in glühenden Farben schildern, sondern ihrem Mann auch die negativen Konsequenzen eines Weihnachten im trauten Heim vor Augen führen sollte: Anrufe von Leuten, die sich 364 Tage im Jahr nicht melden. Endlose Schlangen im Supermarkt am 23. Dezember und Streit mit einer stressgeplagten Ehefrau. – Vermutlich lässt sich so Herrn Schmidts Neigung zum Daheimbleiben heftig erschüttern.

Erfolg jenseits des Zufalls

Bereits im Voraus entkräftete Einwände, zahlreiche Beweise und Referenzen, ein Dutzend Garantien – zu viel des Guten? Nicht für den, der Erfolg jenseits des Zufalls anstrebt. Es ist immer besser, ein paar Argumente in Reserve zu haben, wenn sie alle stimmig und für den Kunden relevant sind. Schließlich werfen auch Stellenbewerber im Gespräch mit dem Personalchef möglichst viele Qualifikationen in die Waagschale, und auch ein Student sollte vor dem Examen nicht nur die von der Fachschaft gesammelten Prüfungsfragen beantworten können.

Ein lehrreiches Beispiel für die Relevanz einer guten Vorbereitung durfte ich einmal als unbemerkter Gast in einer Rechtsanwaltskanzlei erleben:

Senioranwalt: »Na, geht's wieder zu Gericht? Heute ist doch Verhandlung, wie sieht's aus mit dem Prozess?«

Junioranwalt: »Gut, ich denke, wir haben genug Punkte, um den Prozess wohl zu gewinnen.«

Senioranwalt: »Was? Sind Sie wahnsinnig, und dann sagen Sie auch noch ›gut‹.«

Junioranwalt: »Entschuldigen Sie, ich sagte doch, dass ich denke, dass wir genug Punkte haben, um den Prozess zu gewinnen und nicht zu verlieren.«

Senioranwalt (wütend): »Das kann doch nicht Ihr Ernst sein.«

Junioranwalt: »Ja, aber ...«

Senioranwalt: »Hören Sie mal, junger Kollege, in unserer Kanzlei ist noch nie jemand zu Gericht gegangen und hatte ›wohl‹ genug Punkte, um einen Fall zu gewinnen. Da gäbe es uns schon längst nicht mehr. In unserer Kanzlei gehen wir erst dann zu Gericht, wenn wir so viele Punkte haben, um diesen Fall vier Mal zu gewinnen, so viele Argumente haben, um ihn vier Mal zu gewinnen, und so viele Reserven haben, um ihn vier Mal zu gewinnen. Dann, und erst dann, gehen wir zu Gericht, um diesen Fall ein einziges Mal zu gewinnen. Wenn das bei Ihnen noch nicht der Fall ist, dann gehen Sie bitte in Ihr Büro, machen Ihre Hausaufgaben und sorgen Sie dafür, dass wir diesen Fall – wie alle anderen – gewinnen.«

So weit liegen der Prozess vor Gericht und der Verkaufsprozess nicht auseinander, denn auch der Verkäufer muss den Kunden gewinnen. Und auch er braucht dafür Argumente. Während sich jedoch – zumindest professionelle – Anwälte so auf einen Prozess vorbereiten, um mehr als ausreichend gute Argumente parat zu haben, ist im Verkauf häufig das Gegenteil anzutreffen. Die Vorbereitung auf Gespräche und die Angebotserstellung ist beim Durchschnittsverkäufer oft dürftig oder findet gar nicht statt. Profiverkäufer dagegen investieren genügend Zeit, um auch in schwierigen Situationen einen Auftrag zu realisieren.

Kapitel 7

Psychologie: Die Aufmerksamkeit steuern

In diesem Kapitel werden folgende Themen behandelt:

▶ Die Gedanken des Kunden geschickt lenken
▶ Brands und Claims, Schlagworte und Slogans
▶ Das Erlebnis rund um das Produkt anreichern
▶ Keinesfalls kundenrelevante Informationen verheimlichen

»Hast du gesehen, wie klein der Wendekreis war? Fantastisch, denn damit ist er einfach ideal für die beengten Verhältnisse in unserer Versandhalle«, begeistert sich der Abteilungsleiter vom Vertrieb. »Komisch, das habe ich gar nicht bemerkt. Ich war so auf das Gespräch und die Diskussion über einen Rabatt bei Abnahme von mehreren Fahrzeugen konzentriert«, entgegnet der Chef des Einkaufs. Die beiden unterhalten sich über das gleiche Thema: die Präsentation eines Gabelstaplers, den sie möglicherweise für ihr Unternehmen anschaffen möchten. Sie waren während der gesamten Vorführung zusammen, hörten und sahen dasselbe. Warum also haben Vertriebs- und Einkaufsspezialist dennoch unterschiedliche Details wahrgenommen? Weil sie divergierende Erwartungen hatten, sagt die Wahrnehmungspsychologie: Jedem fällt das besonders auf, wonach er sucht, wohingegen er andere Dinge wiederum überhaupt nicht registriert. Bei jedem liegt die Aufmerksamkeit also auf bestimmten Punkten – unabhängig davon, ob diese nun aktiv herbeigeführt wurde oder passiv vorhanden ist.

Bei der Frage, was ein Mensch wahrnimmt, spielen persönliche Entwicklung, Erziehung sowie berufliche und gesellschaftliche Sozialisation eine Rolle. Dies gilt sowohl im privaten wie auch im geschäftlichen Bereich. Für Unternehmen, die Angebote schreiben, stellt sich damit das Problem, die Aufmerksamkeit ihrer Kunden in die gewünschten Bahnen zu lenken. Schließlich wäre alle in die optimale Nutzenkommunikation investierte

Zeit verloren, wenn der Empfänger des Angebotes von irrelevanten Details so in Anspruch genommen wird, dass er seine individuellen Produktvorteile schlicht überliest. Es gilt also, die Gedanken des Lesers geschickt zu lenken. Geraten sie auf Abwege, müssen sie zurückgespiegelt werden. Verharren sie zu lange bei eher demotivierend wirkenden Einzelheiten wie dem Preis, sollten sie schnell weitergeführt werden. Und vor allem muss eine gewisse Spannung erzeugt werden, damit der Kunde am Ball, sprich am Angebot bleibt und dieses nicht zur Seite legt.

Wie Gedanken geführt werden

Vielen Einkäufern werden Tag für Tag Dutzende von Angeboten auf den Tisch gelegt. Die Zeit drängt, manche Abteilungen haben ihre Bestellungen schon vor Wochen abgegeben. Da bleibt kaum die Muße, sorgfältig zu lesen und jeden Satz zu prüfen. Folge ist das routinemäßige, rasche Überfliegen eines Angebotes. Oft bleibt vom wünschenswerten Studium nicht mehr als ein kurzes Einlesen und eher flüchtiges Betrachten mit dem schnellen Blick auf die Konditionen. So kann ein Angebot – aufgrund der nicht beachteten Leistungen – für den Entscheider leicht zu teuer erscheinen. Der Anbieter fällt damit aus der engeren Wahl heraus, obwohl er bei Würdigung des Gesamtpakets aus Produkt, Sicherheiten, Termintreue, Rundum-Betreuung und so weiter im Vergleich mit der Konkurrenz der weitaus Günstigste wäre.

Auf der Suche nach einer Lösung für dieses Wahrnehmungsdefizit des Kunden (das sich für den auf den ersten Blick teuren Anbieter dramatisch auswirkt), hilft die Betrachtung des Zeigarnik-Effekts, der von Bluma Zeigarnik entdeckt und nach ihr benannt wurde. Grundlegende Aussage der amerikanischen Psychologin: Unerledigte Handlungen werden besser erinnert als erledigte. Außerdem verursacht das Unerledigte einen sich im Laufe der Zeit verstärkenden Impuls, sich immer wieder damit auseinander zu setzen. Wer also beispielsweise seine Steuererklärung für das vergangene Jahr abgegeben hat, der denkt kaum mehr daran. Schiebt er diese unangenehme Arbeit aber vor sich her, nimmt sie seine Gedankenwelt von Woche zu Woche stärker in Beschlag. Dasselbe gilt für den Fahrradreifen, der schon vor der vorvorletzten Fahrt hätte aufgepumpt werden müssen. Und für den Wein an der Garage, der bereits den angrenzenden Garten überwuchert und geschnitten werden sollte. Fast jeder Mensch beschäftigt sich mit solchen Dingen, die unerledigt sind. Jeder hat seine Steuererklärung, seinen Fahrradreifen, seinen wilden Wein und, und, und. Bluma Zeigarnik fand nun heraus, dass unser Gehirn wie ein riesiges Schubladensystem funktioniert. Immer, wenn wir eine Sache beginnen und nicht zu Ende führen oder nicht zu Ende führen können, dann bleibt diese Schublade offen und wir stoßen uns an ihr. Je mehr Schubladen wir geöffnet haben, umso weniger können wir fatalerweise unsere Energie auf die momentane Tätigkeit fokussieren. Darin liegt ein wesentlicher Grund, warum erfolgreiche Menschen immer ganz wenige Schubladen offen haben. So können sie sich ganz auf ihren Erfolg konzentrieren und werden nicht ständig abgelenkt. Ein Vergleich mit der Wasserversorgung in einem Einfamilienhaus zeigt, warum das so ist: Wenn wir alle Wasserhähne gleichzeitig aufdrehen, dann ist der Druck plötzlich geringer, und es kann aus jedem einzelnen Hahn nur noch wenig Wasser fließen.

Der oben beschriebene Zeigarnik-Effekt greift natürlich nicht nur in Bezug auf Tätigkeiten. Auch in einer Gesprächssituation kann der Verweis auf ein zweites Problem unsere Konzentration enorm ablenken. Dies wird von vielen Gesprächspartnern oftmals unbewusst – vielfach aber auch bewusst – eingesetzt, um uns entweder zu verwirren oder aber um unsere Gedanken zu lenken und die Aufmerksamkeit hoch zu halten. Letzteres gelingt einem Verkäufer, der seinen Kunden mit folgenden Worten begrüßt: »Guten Tag Herr Kunde, heute habe ich Ihnen etwas ganz Besonderes mitgebracht, das ich Ihnen im Laufe des Gesprächs noch zeigen werde. Am Ende unseres Gesprächs habe ich außerdem eine weitere Überraschung für Sie. Freuen Sie sich schon jetzt!«

Programmchefs von Fernsehanstalten sind Meister des Zeigarnik-Effekts: Immer, wenn der Mörder sich gerade mit dem Messer an sein Opfer angeschlichen hat, werden Werbespots gesendet. Unsere Aufmerksamkeit bleibt bei der noch nicht vollbrachten Tat – »der offenen Schublade«. Wir konzentrieren uns dermaßen auf diese unvollendete Szene, dass wir gar nicht auf die Idee kommen umzuschalten. Die Gestaltung des Programms verleitet uns per Zeigarnik-Effekt dazu, auf dem einmal gewählten Kanal zu bleiben.

Ähnlich effizient lässt sich der Zeigarnik-Effekt in schriftlichen Angeboten nutzen, die ja auch von der Wahrnehmung und Aufmerksamkeit des Empfängers leben. Eine Möglichkeit ist es, gleich zu Beginn auf wichtige Inhalte hinzuweisen, die erst gegen Ende des Angebots behandelt werden. Damit wird die Konzentration des Lesers auf das ganze Angebot gelenkt und die Gefahr, dass der Entscheider lediglich den Preis beachtet, ein wenig eingeschränkt. Eine solche Formulierung im Anschreiben könnte zum Beispiel lauten: »Sehr geehrter Herr Kunde, spätestens, wenn Sie den Punkt ›Versprochen ist versprochen‹ in unserem Angebot lesen, werden Sie feststellen, warum gerade unsere Produkte ...«

Wird der Kunde mit dem Zeigarnik-Effekt umgarnt, also neugierig auf das Folgende gemacht, liest er ein Angebot mit gleichbleibend hoher Aufmerksamkeit. Es werden ihm nicht sofort alle Wünsche – beispielsweise nach Information – erfüllt, die Spannung verharrt auf hohem Niveau. Was das bedeutet, zeigt das Schlüsseldienst-Prinzip: Der Wert einer Dienstleistung lässt aus der Sicht des Kunden nach, sobald diese erbracht worden ist. Obwohl der Wert objektiv betrachtet der gleiche ist wie zuvor, verringert er sich nun in der subjektiven Wahrnehmung des Kunden schlagartig, weil sein zuvor bestehendes Problem gelöst ist. Es ist wie beim Ei des Kolumbus. Oftmals haben wir in Gesprächen fantastische Ideen und kaum sind diese ausgesprochen, reagieren die Ansprechpartner mit Aussagen wie »Na, da wären wir ja auch selbst drauf gekommen« oder »Gar nicht schlecht, die Idee, gibt es noch bessere?« Mit solchen Reaktionen werden insbesondere Unternehmen konfrontiert, deren Dienstleistungen nicht zum Anfassen sind, denn hier gilt in erhöhtem Maße das Verblassen des Wertes im Kundenkopf. Während Produkte immer wieder angeschaut und angefasst werden können, ist das bei Dienstleistungen nicht möglich. Sie fallen daher eher dem »Vergessen« anheim beziehungsweise werden schnell als selbstverständlich hingenommen. Ein Beispiel veranschaulicht, warum dieses »Prinzip der kurzen Freude« auch Schlüsseldienst-Prinzip genannt wird:

Ehepaar Schmidt kommt von einer Opernaufführung nach Hause. Die Haustür ist offen, doch im Treppenhaus bemerkt Herr Schmidt, dass er beim Verlassen der Wohnung einfach die Tür hinter sich zugezogen hat und der Schlüssel von innen steckt. Es gibt keine Möglichkeit für die beiden, in ihre Wohnung zu kommen. Also verständigen die Schmidts den Schlüsseldienst. Dieser kündigt sein Kommen und eine damit verbundene Rechnung in Höhe von 150 Euro an. Was bleibt den Opernbesuchern anderes übrig? Da sie weder im Treppenhaus nächtigen noch ins Hotel gehen wollen, stimmen sie zu. Der Schlüsseldienst trifft ein, öffnet mit einem Dietrich innerhalb von einer Minute die Tür und kassiert 150 Euro. Die Schmidts stehen fassungslos vor der geöffneten Tür und rechnen den Stundenlohn ihres »Retters« auf 9000 Euro hoch. Natürlich erscheint ihnen diese Summe horrent – zumal nun der Wert der Dienstleistung »Öffnen der Tür« bereits als viel geringer eingeschätzt wird als noch wenige Minuten zuvor. Für den Schlüsseldienst bedeutet das in jedem Fall, dass er den Preis für seine Leistung bereits vor dem Kommen festlegen muss.

Die Geringschätzung der Leistung wird zum Beispiel gefördert, weil …

- … die Ausführung einer Dienstleistung so einfach erscheint – und die aufwändige Vorbereitung für diese Ausführung nicht wahrgenommen wird. Um dem gegenzusteuern, sollte ein Unternehmen seinen Kunden einen Blick »hinter die Kulissen« gewähren.
- … die hochkomplexen Verfahrensweisen, die Entwicklungen, die Investitionen und sonstige Vorleistungen im Vorfeld nicht oder zu wenig kommuniziert werden.
- … aufgrund der schnellen Problemlösung und der Aha-Effekte im Nachhinein Eigenleistungen des Kunden als möglich erscheinen.

Was nützt es, gut zu sein, wenn die Leistung – zumindest in der subjektiven Wahrnehmung des Kunden – so schnell an Wert verliert? Gar nichts, denn eine rasch herabgewürdigte Leistung wird, obwohl hochwertig, nicht entsprechend honoriert. Um das zu verhindern, darf das Interesse des Kunden nicht ausschließlich auf die Endleistung fokussiert werden. Genauso wichtig ist es, das gesamte Spektrum an Vorarbeiten und Nachbetreuung deutlich zu machen – und die kurze Freude damit in eine lang andauernde Begeisterung zu verwandeln.

Die Idee hinter dem Produkt

Sind Angebote nur zur Mitteilung der vom Kunden geforderten Informationen da? Nein, denn wer nur das Minimum erfüllt, der hat gegenüber der Konkurrenz wenig Chancen. Gefragt sind deshalb zusätzliche Botschaften, welche die Wahrnehmung des Kunden fesseln und ihm deutlich machen: »Dieses Unternehmen leistet mehr, als ich mir gewünscht habe.« Ziele solcher Extra-Infos können sein:

- Festigung von Claims, Brands oder Nutzenaussagen,
- Verdeutlichung der Erlebnisqualität,
- Abheben der Produkte und Dienstleistungen vom Wettbewerb durch Zusatzleistungen oder Zusatznutzen.

Viele Unternehmen möchten, dass der Kunde mit ihnen beziehungsweise mit den angebotenen Produkten und Dienstleistungen positive Empfindungen oder Werturteile assoziiert. Um solche, die Kaufmotivation stark erhöhenden Verknüpfungen zu erzeugen, lassen sich zahlreiche Instrumente einsetzen. Dazu gehören:

- Brands,
- Claims,
- Mini-Werbespots,
- Mission-Statements,
- Nutzenaussagen,
- Schlagworte,
- Serviceverpflichtungen,
- Slogans,
- Synonyme,
- Untertitel,
- Werbeaussagen.

Gemeinsames Ziel all dieser Instrumente ist es, den Kunden zu einer unwillkürlichen Assoziation des Unternehmens und seiner Angebote mit einem bestimmten Gefühl, einem Wert oder einem herausragenden Merkmal zu bringen. So steht Marlboro für Abenteuer und Freiheit, Mercedes für Sicherheit, IKEA für preiswerte Aufbaumöbel, McDonald's für Fast Food und Aldi für preiswerte Lebensmittel. Alle diese Beispiele beziehen sich auf Massenkonsumgütermärkte, in denen viele Brands und Claims in den Köpfen der Kunden verankert sind, weil sie beständig kommuniziert werden. Demgegenüber wird im Business-to-Business-Bereich die Schaffung und Festigung eines Brands oder einer Aussage bei der Erstellung von Angeboten kaum berücksichtigt. Ein Fehler, denn damit büßen die Unternehmen wertvolles Kommunikationspotenzial ein und versäumen es, die Wahrnehmung der Kunden in die gewünschte Richtung zu dirigieren.

Diejenigen, die als die Ersten einen Markt erobern, sind zumeist auch diejenigen, die als die Ersten einen festen Platz im Kundenkopf ergattern.

Sie liefern oft den Oberbegriff einer ganzen Gattung und den Brandname einer Branche. Wohlbekannte Beispiele, bei denen wir einen Markennamen für eine ganze Produktgruppe verwenden, belegen dies. So wird stets mit Tempos die Nase geputzt (obwohl groß »Softis« auf der Packung steht), dienen Kleenex zum Abtupfen von Make-up (obwohl es auch andere Tücher dieser Art gibt), schützt ein Labello die Lippen, wird mit Maggi gewürzt, Nutella aufs Frühstücksbrötchen geschmiert, Ohropax in die Ohren gestopft, mit Tesafilm oder Uhu geklebt und mit Tipp-Ex ein Fehler korrigiert.

Selbstverständlich kann nicht jeder der Erste oder der erste Erfolgreiche am Markt sein. Doch auch später Kommende haben Möglichkeiten, ihren Namen zu festigen und ihm eine pauschalierende Bedeutung zu geben. Das gilt für Produkte genauso wie für Tätigkeiten, wie das Beispiel des amerikanischen Paketzustellers Federal Express, abgekürzt FedEx, zeigt. Hier ist nicht nur der Unternehmensname, sondern auch die ausgeführte Tätigkeit »gebrandet«: In den USA sagen viele Menschen nicht mehr »Versenden Sie bitte dieses Paket«, sondern »Please fedex this parcel«. FedEx als Synonym fürs Verschicken von Paketen – klar, dass dies einen enormen Wettbewerbsvorteil gegenüber der Konkurrenz bedeutet.

Trotz der Möglichkeit, Kunden damit positiv zu beeinflussen, werden bisher Brands und Claims, Schlagworte und Slogans in schriftlichen Angeboten viel zu wenig verwendet. Selbst im Betreff des Anschreibens tauchen sie selten auf, obwohl sich gerade an dieser Stelle die Aufmerksamkeit des Kunden konzentriert. Wer sich hier von der Masse abheben möchte, der hat es leicht, wenn er die oben aufgezählten Instrumente (oder eine Auswahl davon) anhand der Checkliste 9 implementiert.

☑ Checkliste 9: Wie Sie die Wahrnehmung der Kunden steuern

○ Brands
Suchen Sie Brands, die mehr sind als bloße Benennungen. Im Idealfall sollten die Kunden damit eine ganze Gruppe von Produkten oder Dienstleistungen gleichsetzen!

○ Claims
Entwickeln Sie Claims, die eine über den Anwendungsnutzen hinausgehende Botschaft verkünden!

○ *Mini-Werbespots*
Besetzen Sie die Wahrnehmungsfenster der Kunden mit Mini-Werbespots, die sich leicht merken lassen!

○ *Mission-Statements*
Verbinden Sie mit Ihren Angeboten eine Mission, also einen Auftrag oder eine Berufung!

○ *Nutzenaussagen*
Formulieren Sie prägnante Nutzenaussagen, die sich auf den ersten Blick verstehen lassen!

○ *Schlagworte*
Arbeiten Sie mit Schlagworten, die einen klaren Bezug zu Ihren Angeboten haben!

○ *Serviceverpflichtungen*
Gehen Sie Serviceverpflichtungen ein, welche die Wünsche der Kunden möglichst umfassend erfüllen, und kommunizieren Sie diese offensiv!

○ *Slogans*
Verdrängen Sie mit Ihren Slogans die Angebote der Wettbewerber aus dem Bewusstsein Ihrer Kunden!

○ *Synonyme*
Entdecken Sie, für was Ihre Produkte und Dienstleistungen stehen – und teilen Sie diese Synonyme den Kunden mit!

○ *Untertitel*
Entwerfen Sie aussagekräftige Untertitel, die den Kunden direkt ins Zentrum Ihrer Angebote führen!

○ *Werbeaussagen*
Nutzen Sie Ihre Werbeaussagen, um auch das hinter Ihren Angeboten Stehende zu dokumentieren – wie etwa das Renommee Ihres Unternehmens!

Ob Brand oder Synonym, eine Mission oder eine Serviceverpflichtung: Alle diese Instrumente sind Teil der Strategie, dem konkreten Produkt beziehungsweise der konkreten Dienstleistung ein darüber schwebendes Abstraktes zuzuordnen. Die Sicherheit hinter der Überwachungstechnik für Parkhäuser oder die Gesundheit hinter den naturbelassenen Milchprodukten. Angebote, die solche Botschaften transportieren, verkaufen sich teurer und besser als die der Konkurrenz.

Dem Kunden lange Freude gönnen

Wir haben gesehen, wie die Vermittlung der Vorleistungen und der Nachbetreuung die kurze Freude des Kunden in eine lange umwandeln kann. Denselben Effekt hat die Kombination des Produktes oder der Dienstleistung mit Zusatzleistungen – wobei hier solche der ungewöhnlichen Art gemeint sind, also nicht so etwas wie die Lieferung von Ersatzteilen während der ersten fünf Jahre nach dem Kauf. Bei der Suche nach intelligenten Extras hilft es, die mit dem Erwerb eines Produktes verbundenen Randprobleme zu beachten. So muss seinen alten Kühlschrank entsorgen, wer einen neuen kauft. Und wer einen Kachelofen erwirbt, der braucht Brennmaterial. Genau dieses Folgeproblem haben Kachelofenbauer zum Anlass einer ungewöhnlichen Kooperation genommen:

»Dem Arbeitskreis UFO (unheimlich freundliche Ofenbauer) gehören acht eigenständige Unternehmen aus der Branche ›Kachelofenbau‹ an. Wir verfolgen ähnliche Zielsetzungen und setzen den gleichen hohen Maßstab bei der Qualität unserer Arbeit. Damit wir unsere Kunden noch professioneller bedienen können, unterstützen wir uns gegenseitig in den Bereichen Know-how, Marketing und Unternehmensentwicklung. Ein schönes Beispiel für unsere erfolgreiche Zusammenarbeit ist unsere Internet-Präsenz, die hoffentlich auch Ihnen hilft, ein erstes Bild von uns zu bekommen.«[49]
Die Mitglieder des Arbeitskreises UFO verkaufen selbstverständlich Öfen und Kamine, doch das ist längst nicht alles. Darüber hinaus boten sie ihren Kunden an, das Brennholz zum Tagesselbstkostenpreis zuzüglich Lieferkosten zu besorgen. Eine scheinbar verlockende Offerte, die jedoch kaum angenommen wurde. Noch schlimmer: Recherchen der Ofensetzer und der Kachelofenbauer ergaben, dass viele Menschen allein deshalb keinen Ofen oder Kamin kauften, weil die Umstände der Holzbeschaffung zu schwierig waren. Dies und der hohe Aufwand im Zusammenhang mit der Holzbelieferung veranlasste UFO, gemeinsam mit uns über das Angebot nachzudenken.

Das Resultat: Für die Kunden war die Holzbeschaffung …

- … mit Aufwand verbunden,
- … ein lästiges Übel,
- … teuer,
- … unbeliebt.

Für die Ofenbauer war das Angebot für die Holzbeschaffung …

- … sehr aufwändig,
- … ein sehr lästiges Übel,
- … mit hohem Verwaltungsaufwand verbunden,
- … mit Kosten, jedoch nicht mit Profit verbunden.

Unternemen Erfolg machte UFO folgenden Vorschlag für eine Umgestaltung des Angebotes: Da die meisten Ofenbauer im Großraum Stuttgart ansässig sind, lag es nahe, die in dieser Region erschwinglichen Preise für Waldgrundstücke zu nutzen. Warum nicht einfach ein Stück Wald kaufen, um den Kunden an einem bestimmten Tag im Jahr – in Zusammenarbeit mit einem Förster und einem Transportunternehmen – die Beschaffung von Holz zu ermöglichen. Der Gedanke dabei war, das Entgelt für das »Holz auf Lebenszeit« mit einzurechnen und den Preis für die Öfen entsprechend zu erhöhen. Eine weitere Optimierung des Angebotes wäre, den Kunden als Zugabe zum Ofen symbolisch einen Quadratmeter Wald zu schenken.

Das erwartete Resultat von »Holz auf Lebenszeit« ist:

- Die Öfen stehen nicht mehr im Preisvergleich mit dem Wettbewerb, da von den Konkurrenten niemand diese innovative Zusatzleistung bietet.
- Die Waldidee wird sich zu einem Werbegag entwickeln.
- Positive Artikel in der Presse häufen sich, das Kundeninteresse steigt.
- Die Kosten sind – auch durch die Kostenbündelung – geringer als die kalkulierten Kosten.
- Der Profit wird dadurch erhöht.
- Das »Holzschlagen« entpuppt sich zum sozialen Event, bei dem auch »Noch-Nicht-Kunden« dabei sind, die möglicherweise bald Kunden werden.

Was unterscheidet das Konzept »Holz auf Lebenszeit« mit im Preis gestiegenen Öfen von der zuvor angebotenen Holzlieferung gegen Bezahlung? Die Extra-Leistung ist in das Produkt integriert, verschmilzt praktisch mit ihm. Der Kunde hat deshalb nicht das Gefühl, zusätzlich für eine Leistung zur Kasse gebeten zu werden, die er vielleicht auch selbst hätte erbringen können. Schließlich wäre es ja durchaus möglich, dass er sich das Holz woanders billiger beschaffen könnte. Bei »Holz auf Lebenszeit« aber kauft er dieses bereits mit dem Produkt, das dadurch wertvoller wird. Der Mehrpreis verliert diesem Wertzuwachs gegenüber an Gewicht.

Manchmal führt sogar die Lösung von Randproblemen zu völlig neuen Geschäftsfeldern, wie am Beispiel des Jeansherstellers Levi's zu erkennen ist. Mitte des 19. Jahrhunderts hatten die Goldsucher in Nordamerika primär das Problem, eine ertragreiche Mine zu finden. Doch um beim Schürfen möglichst lange ungestört arbeiten zu können, mussten sie auch ein Randproblem lösen: die Beschaffung von stabilen, äußerst belastbaren Hosen. Dabei half ihnen Levi's – und verdiente damit eine Menge Geld, zumal das Unternehmen anfangs extrem billiges Rohmaterial erhielt: Segeltuch der in der Frisco-Bay liegen gebliebenen Segelschiffe, deren Matrosen im Goldrausch desertiert waren.

Mehr Erlebnisqualität erlaubt höhere Preise

Mit steigenden Ansprüchen der Kunden wachsen auch die Erwartungen an das mit einem Kauf verbundene Erlebnis. Damit kann ein Festival der Sinne, wie beispielsweise ein Besuch in einer Wellness-Oase, gemeint sein oder auch das Gefühl, zu einer trendigen Gemeinschaft zu gehören. So ist das Erlebnis rund um Produkte oder Dienstleistungen in der Wahrnehmung des Kunden manchmal sogar wichtiger als das Produkt oder die Dienstleistung selbst. In jedem Fall trägt es stark zur Kaufentscheidung bei und erhöht die Wertschöpfung des anbietenden Unternehmens. Wie deutlich diese Wertschöpfung pro Verkaufsvorgang von der Intensität des Erlebnisses abhängt, zeigt das Beispiel Kaffee (siehe Tabelle 4).

Während der Kaffeebauer in Kolumbien gerade mal 0,01 – 0,02 Euro Marge bei einem Verkaufspreis von circa 0,20 Euro pro Kilo erzielt, wird das Pfund Röstkaffee bei Tchibo bereits für circa 4 bis 5 Euro an den Mann gebracht, was die Marge auf 0,10 bis 0,15 Euro erhöht. Ein Restaurant oder Café verkauft das Kännchen für immerhin circa 2,50 bis 3,50 Euro und treibt die Marge auf nun 2 – 3 Euro. Noch viel mehr wird in den Shops von Starbucks oder der sfcc, der san francisco coffee company verdient, die mit dem Selbstbedienungskaffee durch Erlebnisgestaltung eine hohe Wertschöpfung schaffen. Hier zahlt der Kunde 3,90 bis 5,90 Euro, und die

Tabelle 4: Abhängigkeit der Wertschöpfung von der Erlebnisqualität[50]

	Beschreibung	Möglicher durchschnittlicher Verkaufspreis	Mögliche durchschnittliche Marge
Rohstoff	Ein Kilo Kaffee, das von einem kolumbianischen Kaffeebauern verkauft wird	0,20 €	0,01 bis 0,02 €
Produkt	Ein Pfund Kaffee, das in einem Tchibo-Shop zum Verkauf angeboten wird	4,00 bis 5,00 €	0,10 bis 0,15 €
Dienstleistung	Ein Restaurant oder Café serviert ein Kännchen Kaffee	2,50 bis 3,50 €	2,00 bis 3,00 €
Dienstleistung/ Erlebnis	Im trendigen Starbucks- oder sfcc-Shop wird in Selbstbedienung ein Pappbecher mit Kaffee angeboten	3,90 bis 5,90 €	3,00 bis 5,00 €
Erlebnis	Eine Tasse Kaffee aus Meißner Porzellan im exquisiten Café	14,00 €	13,00 €

Marge beträgt 3 bis 5 Euro. Und an einem schönen Wochenende, beispielsweise auf der Bühler Höhe in Stuttgart, leisten sich die Kaffeefans zur Feier des Tages eine Tasse Kaffee schon einmal für 15 Euro und bescheren dem Unternehmen mit den Worten »Das ist es uns heute wert« eine außergewöhnliche Marge von 13 Euro.

Der Trend »mehr Marge bei mehr Erlebnis« hatte sich zuerst in der Gastronomie entwickelt, wie die Beispiele Starbucks Coffee Shop, san francisco coffee company oder Fliegerbräu in Feldkirchen zeigen. Auch der Fischmarkt in Seattle oder die ROK Restaurant GmbH gehen solche Wege und stellen sich die Frage »Wie lade ich meine Produkte oder Dienstleistungen mit Emotionen oder Erlebnissen auf und werde dadurch spannend für meine Kunden?« Die FORUM Gaststätten geben diese Antwort: »In unseren Restaurants zahlen die Kunden maximal 50 Prozent des Speisepreises für das Gericht, die hervorragenden Zutaten und die qualitative Zubereitung. Die anderen 50 Prozent sind für die Sorgen, die wir vertreiben, und das gute Gefühl, das wir ihnen einen Abend lang bereiten. Seitdem es uns gelingt, dieses Erlebnisgefühl in unseren Angeboten für das Catering auszudrücken, haben wir eine echte Chance gegen Käfer und Dallmayr.«[51]

Durch die Anreicherung des Angebotes mit Erlebnissen wird das Kundeninteresse gesteigert. Diese Chance gilt es zu nutzen. So beschreibt Starbucks in seinem »for business office-delivery-service«-Angebot an Unternehmen weniger das Produkt und die Preise, sondern spricht die Emotionen an: »Der Duft verrät bereits, wie köstlich Ihr Kaffee schmecken wird. Ob frisch gemahlener Kaffee oder Kaffeedampf aus der Tasse – Kaffeeduft betört die Sinne. Übrigens: Rund 90 Prozent Ihrer Geschmackswahrnehmung beruht auf dem Geruchssinn. Die Zunge kann lediglich vier Geschmacksrichtungen unterscheiden: süß, salzig, sauer und bitter. Erst der Duft erweitert diese vier grundlegenden Geschmackswahrnehmungen um Tausende von Nuancen.«[52]

Soll also ein Teil der Wertschöpfung mit Erlebniskomponenten realisiert werden, so dürfen diese in der Angebotserstellung nicht fehlen. Auch wenn das Angebot selbst beispielsweise der Nase keinen betörenden Kaffeeduft gönnen kann, so lässt sich dieser durchaus im Gehirn des Lesers erzeugen – allein durch eine geschickte Wortwahl, die vom hohen Erlebniswert des Angebotes überzeugt.

Dosierte Aufklärung zur richtigen Zeit

Die Lenkung der Gedanken des Kunden und die Vermittlung der Idee, die hinter dem Produkt steht, einzigartige Zusatzleistungen und eine höhere Erlebnisqualität – alles dies kann die Wahrnehmung des Kunden so kanalisieren, dass er das Angebot annimmt. Doch beinhalten manche Produkte oder Dienstleistungen nicht auch Risiken, und wie steht es hier mit der Wahrnehmung? Sollte sie bei negativen Aspekten völlig ausgeblendet werden? Nein, aber bei der notwendigen Aufklärung ist das rechte Maß gefragt, wie ein Beispiel verdeutlicht:

Eine Augenklinik beschäftigt sich mit der Behandlung von Augenkrankheiten mithilfe der Lasertechnik. Regelmäßig veranstaltet sie Informationsabende, zu denen Patienten eingeladen werden, die sich für eine der angebotenen Operationen interessieren. Während der knapp 90-minütigen Präsentation spricht in der Regel der Chefarzt mehr als 35 Minuten lang über die Gefahr der Erblindung bei Eingriffen, wie sie in seiner Klinik durchgeführt werden. Dies wird meist mit vielen Fragen und einer gewissen Unsicherheit im Publikum quittiert. Die prozentuale Gefahr einer Erblindung liegt im Durchschnitt bei einer Relation von 1:1 000 000. Dennoch wird viel Zeit, immerhin knapp 40 Prozent der Präsentation, allein auf dieses Thema verwendet. Es leuchtet ein, dass diese überproportionale Betonung des Risikos bei den Patienten nicht besonders gut ankommt. Der Fall dieser Augenklinik ist absolut keine Seltenheit. Die Erfahrung zeigt, dass gerade Menschen aus medizinischen und technischen Berufen – wie Ärzte und Diplom-Ingenieure – gerne darüber sprechen oder schreiben, was alles nicht geht und darüber manchmal vernachlässigen, die vielen positiven Chancen und Möglichkeiten zu thematisieren. Eine Eigenart, die sich nicht gerade als vertrauensbildend auf die Kunden auswirkt.

Natürlich soll das nicht heißen, dass wichtige Aufklärungsarbeit – wie im Beispiel der Augenklinik – zu unterlassen wäre. Sie muss im Rahmen einer seriösen Patientenaufklärung unbedingt durchgeführt werden. Und nicht nur dort. Keinesfalls, egal in welchem Bereich, dürfen kundenrelevante Informationen verheimlicht werden. Jedoch stellt sich die Frage, in welchem Umfang auf die Risiken und in welchem Umfang auf den Nutzen aufmerksam gemacht werden sollte. Da zumeist der Nutzen deutlich höher und das Risiko manchmal nur ein theoretisches ist, sollte sich dieses Verhältnis auch in den Angeboten widerspiegeln. Das heißt: Statt die Unzulänglichkeiten zu formulieren, muss der Fokus auf den Fähigkeiten eines Unternehmens liegen.

Interessant ist vor diesem Hintergrund das Angebot eines Druckerherstellers an seine Geschäftskunden: »Leider müssen wir Ihnen mitteilen, dass die Produktion des Modells XY zum 30. August 2006 eingestellt wird. Sollten Sie dennoch Interesse an diesem Drucker haben, werden Bestellungen bis zum 31. Juli 2006 von uns bearbeitet. Lieferfähigkeit und Liefertermine sind aber abhängig vom Lagerbestand. Als Alternativen empfehlen wir Ihnen das Gerät Z1. Gerne unterbreiten wir Ihnen dafür spezielle Angebote. Wenn Sie bereits mit diesem Drucker arbeiten, wäre jetzt eine gute Gelegenheit, sich einen Ersatzdrucker anzuschaffen.« – Die Reaktion der Kunden auf dieses Schreiben wird allenfalls neutral, eher aber etwas ungehalten sein. Kein Wunder, denn für die Einstellung der Produktion des Modells XY wird keine Begründung mitgeteilt. Vor allem aber erfahren die Kunden nichts über die angebotene Alternative Z1. Was leistet sie? Welche Vorteile hat sie? Was macht sie möglicherweise dem Modell XY überlegen? Und vor allem: Zu welchen besonders günstigen Konditionen wird sie im Rahmen einer Aktion offeriert? Das Angebot gibt keine Antworten, obwohl gerade diese den Produktionsstopp in den Augen der Kunden zu einem positiven Ereignis gewandelt hätten.

Wesentlich besser käme daher folgendes Schreiben an: »Lieber Herr Kunde, Sie arbeiten schon lange mit unserem Drucker XY. Ein bewährtes Modell, dessen Zeit aber nun abläuft. Der Grund: die rasant fortgeschrittene technische Entwicklung. Wir bieten Ihnen deshalb nun das Nachfolgemodell Z1 an – natürlich speziell für Sie als treuen Kunden zum supergünstigen Einführungspreis von nur XY Euro. Freuen Sie sich, denn Z1 kann nicht nur drucken, sondern auch scannen und faxen. Sie sparen sich damit gleich zwei Geräte und schaffen Platz in Ihren Büros. Gerne präsentieren wir diese Neuheit bei Ihnen im Haus. Und wenn Sie vorerst weiterhin mit XY arbeiten müssen: kein Problem! Wie bisher erhalten Sie zuverlässig Ersatzteile von uns und steht Ihnen unser Serviceteam bei Problemen sofort zur Verfügung. Wenn Sie aber bereits den Z1 im Einsatz haben, so profitieren Sie doch von unserer Aktion – und ordern Sie jetzt einen zusätzlichen Drucker für nur XY Euro, denn auch dann gilt der Sonderpreis.«

Bei diesem Angebot wird der Kunde vor allem die Aktion Sonderpreis und die Vorteile des neuen Modells Z1 wahrnehmen, nicht aber den Produktionsstopp von Modell XY. Das Unternehmen hat seine Chancen optimal genutzt und wird kaum erboste Briefe seiner Kunden zu erwarten haben – dank der geschickt gelenkten Aufmerksamkeit.

Kapitel 8

Preis: Viel mehr als eine Zahl

In diesem Kapitel werden folgende Themen behandelt:

▶ Der Kunde kauft das Produkt und nicht den Preis
▶ Der Mehrwert wird bezahlt
▶ Die Methode preislicher Alternativen
▶ Preise richtig verpacken
▶ Billig muss nicht günstig sein

In einem seiner Bücher nimmt ein deutscher Kabarettist das Thema Weihnachten und die damit verbundene Geschenkwut aufs Korn: Entgegen dem, was er sich noch zu Beginn des Jahres vornahm, hat der Familienvater seine Präsente wieder nicht über die Monate verteilt gekauft. Wie gewohnt gerät er deshalb im Dezember unter Zeitdruck, »erledigt« in großer Hast zunächst die Geschenke für Schwiegereltern, Eltern, Freunde und Bekannte. Für seine Frau jedoch fällt ihm bis zum Heiligabend partout nichts ein. Als er dann in der letzten Stunde vor Geschäftsschluss zu einem Juwelier eilt, der ihm einen Armreif präsentiert, ist ihm ein Detail ziemlich egal: der Preis. Es geht jetzt einzig und allein darum, noch vor dem Fest etwas Passendes zu finden – koste es, was es wolle.

In der komfortablen Situation dieses Juweliers sind die Unternehmen, die Spritzgussmaschinen oder Fertigparkett, Software oder Kachelöfen, Seminare oder Beleuchtungssysteme verkaufen, leider nicht. Sie werden Tag für Tag mit Kunden konfrontiert, für die der Preis absolut eine Rolle spielt. Bedauerlicherweise oft sogar die Hauptrolle. So mancher desillusionierte Verkäufer wird behaupten, für seine Kunden zähle einzig und allein der Preis, während all die fantastischen Vorzüge seiner Produkte kommentarlos hingenommen, womöglich schlicht als selbstverständlich erwartet werden. Diese Wahrnehmung ist allerdings meistens falsch, und bei näherer Analyse stellt sich häufig heraus, dass den als extrem anspruchsvoll und geizig dargestellten Kunden die Vorteile gar nicht bekannt sind.

Viele Unternehmen sind schon weiter. Sie kommunizieren in ihren Angeboten auf perfekte Weise den individuellen Nutzen ihrer Produkte oder Dienstleistungen. Sie überzeugen ihre Kunden anstatt sie zu überreden, dirigieren geschickt die Aufmerksamkeit des Kunden auf die gewünschten Details und sind darüberhinaus selbstverständlich Meister der äußeren Form. Aber auch diese Champions in Sachen Angebotserstellung müssen irgendwann Farbe bekennen, sprich den Preis für das nennen, was sie verkaufen wollen. Gefragt sind deshalb strategische und taktische Kniffe für die schwierige Aufgabe, dem Kunden eine Zahl zu vermitteln und sie dabei ansprechend zu »verkleiden«. Ziel: Der Preis soll dem Adressaten des Angebotes im Idealfall unwichtig sein, zumindest aber soll er ihn voller Überzeugung akzeptieren.

Wider die Preisschere im Kopf

Alle Unternehmen stehen vor dieser Frage: Wie den Preis formulieren, ohne dass das Angebot durch ein rein monetär bestimmtes Raster fällt? Dabei hilft zunächst einmal eine grundsätzliche Überlegung: Der Kunde kauft immer das Produkt und nicht den Preis! – Viele Verkäufer berücksichtigen das nicht. Aus diesem Grund beschränkt sich die Botschaft ihrer Angebote in der Regel lediglich auf die Adresse des Empfängers, die Anrede, die Artikelnummer des Produktes und eben den Preis. Weil die Verkäufer glauben, den Kunden interessiere letzten Endes ohnehin nur diese Zahl, ist sie besonders deutlich und isoliert von allem anderen dargestellt. Kein Wunder also, wenn der Empfänger nur Zahlen und nicht die Leistungen vergleicht. Wie sollte er auch? Alle anderen Punkte eines solchen Angebotes sind schnell überlesen und dienen nicht dazu, den Preis, die Investitionssumme, besser »zu verkaufen«.

Doch es geht auch anders: durch Vermittlung eines umfangreichen, womöglich gar überraschenden Leistungsspektrums. Es lässt den Preis in Relation zu dem, was der Kunde bekommt, günstig oder zumindest günstiger erscheinen, denn »Argumente schlagen Rabatte«! Außerdem gilt es, nicht nur den Preis selbst abzudrucken, sondern die Art der Darstellung unter Berücksichtigung diverser Kriterien zu überprüfen. Worauf es dabei ankommt, zeigen die folgenden Seiten. Die entscheidenden Kriterien sind:

- optimaler Preis,
- Korrelation zwischen Marktführerschaft und Preisführerschaft,
- positive Wertdarstellung,
- Alternativmöglichkeiten der Preisauswahl,
- Aufteilung von Summen,
- Preisdarstellung in Verbindung mit der Nutzendarstellung,
- Preisdarstellung bei aussichtslosen Wettbewerbssituationen,
- Vorgehensweise bei Ausschreibungen,
- Ziele, die mit dem Preis verfolgt werden.

Thema Nummer eins: der optimale Preis. Vor allem in zahlreichen kleinen und mittleren Unternehmen werden Preise nicht oder zu wenig genau kalkuliert. Viele Kosten sind zwar bekannt, werden jedoch als Daten für die Kalkulation nicht immer bereitgestellt oder nicht verwendet. Unabhängig von der kalkulatorischen Seite tritt zudem noch ein anderes Phänomen bei der Angebotserstellung auf: die Veränderung der kalkulierten oder ermittelten Angebotssumme nach unten. Bernd Klages, Inhaber der Klages Wohnbau GmbH, schilderte seine Erfahrung so: »Selbst wenn ich eine Investitionssumme von unserer Kalkulation für ein Haus bekomme, dann schreibe ich oft einen niedrigeren Preis als den erforderlichen in das Angebot. Dies liegt wohl an drei Gründen. Erstens höre ich ja ganz selten Aussagen wie zum Beispiel ›Das ist aber günstig‹, sondern in der Regel nur ›Das ist aber ganz schön teuer‹ und bekomme dadurch ein schlechtes Gewissen. Zweitens ertappe ich mich immer wieder dabei, dass ich bei Vergleichen mit Wettbewerberangeboten oftmals Angebotssummen statt Angebotsinhalte vergleiche und deshalb natürlich immer schlechter abschneide. Und drittens spüre ich den Verkaufsdruck und habe Angst, den Auftrag zu verlieren.«

Die Lehre aus diesem Beispiel: Unternehmer sollten niemals Angebotssummen vergleichen, ohne auch die Angebotsinhalte auf den Prüfstand zu stellen. Und sie sollten nicht schon bei der Erstellung des Angebotes fiktive Preisverhandlungen mit dem Kunden führen. Ebenso gilt: Immer zuerst das umfangreichere Angebotspaket mit dem höheren Preis nennen. Häufig werden Verkäufer gebeten, gleich zwei Alternativen zur Auswahl zu stellen. Zum Beispiel die Druckerei, die mehrere Abnahmemengen kalkulieren und die Preise dafür benennen soll. Oder der Hardwareproduzent, der die Zusatzkonfiguration für alle sowie alternativ für nur einige wenige Arbeitsplätze beim Kunden anbieten soll.

In diesen Fällen sollte das hochwertigere Angebot dem kostengünstigeren vorangestellt werden. Und wenn der Kunde nicht nach Alternativen fragt, sondern zum Beispiel nur nach einer Auflage von 10 000 Stück oder nach der Zusatzkonfiguration für die Arbeitsplätze im Vertrieb? Auch dann lohnt es sich für den Anbieter oft, zusätzliche, höherwertige Möglichkeiten anzugeben – schon allein deshalb, weil diese die Höhe des Preises für das gewünschte Angebot relativieren.

Warum Marktführer auch Preisführer sind

Der deutsche Markt ist ein eindeutiger Beleg hierfür: Bis auf wenige Ausnahmen im Handel sind die Marktführer auch die Preisführer. Die Unternehmen mit dem größten Marktanteil in einem bestimmten Marktsegment haben also in der Regel auch die höchsten Preise in eben diesem Bereich von Produkten oder Dienstleistungen. Das entkräftet das Argument vieler Unternehmer, die behaupten: »Ich könnte mein Produkt sicher viel besser verkaufen, wenn es nur nicht so teuer wäre.« Meist folgt auf dieses Lamento noch die Äußerung »Wir sind nämlich die teuersten am Markt«. Auf die Kontrollfrage »Und wie viel Marktanteil haben Sie in Ihrem Markt?« erklären allerdings zahlreiche dieser Preisführer, dass sie Marktführer seien. Wie alle Regeln hat natürlich die von der Identität der Marktführer mit den Preisführern ihre Ausnahmen, beispielsweise Aldi in der Lebensmittelbranche.

Bei vielen Marktführern besteht eine klare Korrelation zwischen der Preisführerschaft sowie der Höhe der Investitionen für Forschung und Entwicklung. Weil nun Investitionsfreude meist zu einem hohen Maß an Innovationen führt, haben Marktführer ihre exponierte Position nicht trotz, sondern als Folge ihrer Preisführerschaft. Sie geben im Interesse der Kunden mehr aus als andere, um hochwertigere Produkte und Dienstleistungen anbieten zu können. Diese Vorleistungen fließen in ihre Preise ein, die daher selbstverständlich höher sind als die der weniger aktiven Unternehmen. Erfolg hat nur, wer dies offensiv kommuniziert.

Manchmal allerdings gelingt es Unternehmen, als besonders preisgünstig zu erscheinen, obwohl sie dies nicht oder nicht mehr sind. So hat der Brillenhersteller und Filialist Fielmann sich über geschickte Werbung das Image des günstigsten Anbieters in seinem Bereich »zugelegt«. Der Dialog einer

Schönheit mit einem Detektiv in der Fielmann-TV-Werbung hörte sich so an:[53]

> *Schönheit:* »Finden Sie einen Optiker, der günstiger ist als Fielmann!«
> *Detektiv:* »Vergessen Sie's.«
> *Slogan:* »Brille? Fielmann!«

Dagegen steht die Aussage: »Im Vergleich mit anderen deutschen Optikern werden Sie feststellen, dass der durchschnittliche Brillenverkaufspreis bei Fielmann um knapp 20 Prozent über dem durchschnittlichen Brillenverkaufspreis der anderen Optiker liegt.«[54]

Eine Preisführerschaft braucht also keinesfalls zu Bedenken zu führen, da scheinbare Billiganbieter dies, bei Licht betrachtet, gar nicht sind. Unternehmen mit innovativen Produkten und Dienstleistungen sollten bei der Nennung der Preise in ihren Angeboten durchaus mehr Selbst- und mehr Preisbewusstsein entwickeln. Beides fördert ein positives Image, das den Kunden hohe Preise für hohen Wert akzeptieren lässt.

Mehrwert wird bezahlt

Ob er Preisführer ist oder nicht: Es liegt in der Verantwortung jedes Anbieters, seine Produkte so darzustellen, dass sie vom Kunden als günstig angesehen werden. Günstig bedeutet dabei immer, preiswürdig in Relation zum Bedarf des Kunden zu sein. Billigere Wettbewerbsprodukte müssen nicht tatsächlich günstiger sein. So ist ein Preisvergleich erst nach Hinzurechnen sämtlicher Nebenkosten und vor allem nach Hinzurechnen aller anfallenden Zusatzkosten im Laufe der Lebensdauer von Produkt oder Dienstleistung sinnvoll. Fatalerweise setzen viele Verkäufer voraus, dass ihre Kunden diese Überlegungen und Berechnungen selbstständig anstellen beziehungsweise durchführen. Dabei ist es die originäre Aufgabe eines Verkäufers und seines Unternehmens, über Preisvorteile bei Berücksichtigung aller Randbedingungen aufzuklären – und das auf eine motivierende und verständliche Art. Das lohnt sich, denn Mehrwert wird bezahlt, wie der englische Schriftsteller John Ruskin erkannt hat:

> »Es gibt kaum etwas auf dieser Welt, das nicht irgendjemand ein wenig schlechter machen und etwas billiger verkaufen könnte. Die Menschen, die sich nur am Preis orientieren, werden Beute solcher Machenschaften. Es ist

unklug, zu viel zu bezahlen, aber es ist noch schlechter, zu wenig zu bezahlen. Wenn Sie zu viel bezahlen, verlieren Sie etwas Geld, das ist alles. Wenn Sie zu wenig bezahlen, verlieren Sie manchmal alles, da der gekaufte Gegenstand die ihm zugedachte Aufgabe nicht erfüllen kann. Das Gesetz der Wirtschaft verbietet es, für wenig Geld viel Wert zu erhalten. Nehmen Sie das niedrigste Angebot an, müssen Sie für das Risiko, das Sie eingehen, etwas hinzurechnen. Und wenn Sie das tun, dann haben Sie auch genug Geld, um für etwas Besseres zu bezahlen.«[55]

Das heißt: In Angeboten sollten nicht nur Behauptungen aufgestellt, sondern auch Berechnungen nachvollziehbar durchgeführt werden. Dies kann dadurch geschehen, dass diverse Informationen und Daten in Bezug zueinander gesetzt werden und damit an Bedeutung gewinnen. Im Einzelnen geht es um:

- die *Zeit-Relationen:* Wird ein Produkt wesentlich schneller geliefert oder eine Dienstleistung in kürzerer Zeit erbracht als bei den Angeboten der Wettbewerber?
- die *Kosten-Relationen:* Wie ist das Verhältnis der Gesamtkosten zweier Angebote unter Berücksichtigung von Nebenkosten und Folgekosten?
- die *Wert- beziehungsweise Nutzen-Relationen:* Was ist das Ergebnis eines Vergleichs von Werten oder von Nutzen bei verschiedenen Angeboten?

Eine überzeugende Darstellung dieser Relationen relativiert den »nackten« Preis eines Produktes oder einer Dienstleistung – und veranlasst den Kunden, nicht nur die bloße Zahl zu betrachten und zu beurteilen.

Mit Preisalternativen die Preisauswahl steuern

Jeder Gang durch einen Supermarkt mittlerer Größe ist ein Beweis: Wir leben in einer Zeit der fast unbegrenzten Wahlmöglichkeiten. Ein Joghurt soll es sein? Vielleicht 15 verschiedene stehen zur Wahl. Oder Toilettenpapier? Das gibt es in weiß, hellblau, rosa, mit Wolken oder schlauen Sprüchen. Ähnlich vielfältig sind die Preise, wobei deren Staffelung nicht immer zu begründen ist. So mancher Konsument fühlt sich überfordert und schaut – wie in einem alten Schlager besungen – in einen fremden Einkaufswagen auf der Suche nach einer Antwort auf die Frage: »Was kauft der?« Zu viele Optionen scheinen daher nicht immer gut zu sein, doch um einen bestimmten Preis durchzusetzen, sollte man dennoch Alternativen anbieten.

Wenn ein Unternehmen etwas relativ Teures verkaufen will, sollte es zu diesem Produkt noch etwas Teureres dazustellen. Wenn es viel verkaufen will, sollte es noch mehr offerieren. Natürlich darf dem Kunden die Entscheidung nicht durch zu viele Alternativen erschwert werden, wie das Beispiel Supermarkt zeigt. Häufig fällt sie ihm jedoch sogar leichter, wenn es konkrete Auswahlmöglichkeiten zu Menge, Ausführung, Ausstattung, Serviceumfang und so weiter gibt. Außerdem schätzen Kunden es durchaus, wählen zu können. In der Praxis hat es sich bewährt, drei Angebotsvarianten anzubieten. Das ist in der Regel ausreichend, um den Kunden eine optimale Lösung für seinen Bedarf, seine Preisvorstellungen und seine finanziellen Möglichkeiten finden zu lassen.

Drei Alternativen machen dem Kunden den Einkauf nicht nur zugleich leicht und spannend, sie sind auch ein geeigneter Weg, vom Feilschen über den Preis wegzukommen. Wenn der Kunde beispielsweise das erste Angebot mit dem Argument »zu teuer« ablehnt, kann der Verkäufer ihn nach seinem Preishorizont fragen. Kennt er das Limit des Kunden, so bietet er ihm eine dazu passende Alternative zur Ausgangsofferte an – ohne dass er diese als wesentlich schlechter darstellt als die erste.

Klar ist: Die angebotenen Auswahlmöglichkeiten beeinflussen die Entscheidung des Kunden. Es will also gut überlegt sein, welche Angebote in welchen preislichen Kategorien zur Wahl gestellt werden. Beispiel: Ein Catering-Unternehmen bot in seinen Offerten für Feste und Gesellschaften stets einige Alternativen von Weinen an. Aussuchen konnte der Gastgeber. Zu den Optionen gehörten häufig zwei Sorten eines trockenen Weißweins. Eine für 12 Euro pro Flasche und eine für 19 Euro pro Flasche. Der Wein für 12 Euro hatte einen Umsatzanteil von 80 Prozent, der Wein zu 19 Euro einen von lediglich 20 Prozent. Dieses Verhältnis wollte der Catering-Spezialist gerne ändern und verstärkt den wirtschaftlich lukrativeren Wein für 19 Euro verkaufen. Jedoch scheiterten die Bemühungen fast immer am Widerstand der Kunden, die mit Aussagen wie »Wir müssen ja nicht gleich den teuersten Wein kaufen« konterten. Der Anbieter veranlasste daraufhin, dass ein weiterer trockener Weißwein in die Auswahl aufgenommen wurde – ganz nach dem Motto »Wer etwas Teures verkaufen will, der muss etwas noch Teureres dazustellen«. Dieser dritte Wein war ein Spitzenprodukt für

38 Euro die Flasche. Nun änderte sich plötzlich die Reaktion der Kunden auf die angebotene Weinauswahl völlig. Viele meinten: »38 Euro für einen Wein? Das ist ja viel zu teuer. Den kaufen wir nicht. Aber den ganz billigen für 12 Euro, den müssen wir auch nicht haben. Wir nehmen die goldene Mitte für 19 Euro.« Die neue Umsatzverteilung lag nun bei 27 Prozent für das 12 Euro-Produkt, 72 Prozent für den 19 Euro teuren Wein und knapp 1 Prozent für den Preischampion. Keine Frage, die Einführung des dritten Weines rechnete sich. Zwar wurde diese dritte Alternative so gut wie nicht gewählt, aber dafür kauften nun die meisten Kunden den Wein der mittleren Kategorie, an dem das Unternehmen viel mehr verdiente als am Preisbrecher für 12 Euro.

Dieses Beispiel steht stellvertretend für viele ähnliche Fälle. Es ist übertragbar auf andere Bereiche oder Branchen und ebenso einsetzbar bei Mengenangaben und Preisen. Selbst bei Vorschlägen, Forderungen und Ideen hat sich die Methode der drei Alternativen bewährt. Ähnlich wie dem Catering-Service erging es etwa einem Unternehmen, das zu seinen Produkten verschiedene Wartungsverträge anzubieten hatte. Das von Unternehmensseite am liebsten verkaufte Produkt, ein Allround-Service-Vertrag, wurde von den Kunden kaum angenommen. Erst als ein noch hochwertigerer Vertrag, der Premium-Service-Vertrag, mit angeboten wurde, stieg der Allround-Service-Vertrag in der Gunst der Kunden deutlich. Damit hatte sich die Entwicklung des Premium-Service-Vertrags gelohnt, obwohl dieser selbst so gut wie nie geordert wurde. Der psychologische Trick: Viele Kunden meinen, nicht das Teuerste zu brauchen, wollen sich aber auch nicht gerade mit dem Billigsten begnügen. Darin liegt das Geheimnis des Erfolgs des mittleren Segmentes. Zwar gibt es auch einen gegenläufigen Trend, nach dem viele Kunden bei manchen Produkten extrem sparen und bei anderen nur das Exklusive kaufen – also etwa Lebensmittel bei Aldi und einen teuren Sportwagen. Doch wenn sie dann bei Aldi auswählen, wird es dort oft der mittelteure Sekt und dasselbe gilt bezüglich der Ausstattung des Sportwagens.

Überzeugungsarbeit durch Mitrechnen

Die Antwort auf die Frage »Kaufe ich oder nicht?« hängt davon ab, wie sehr der Kunde von dem Wert der angebotenen Produkte und Dienstleistungen überzeugt ist – und davon, wie kostenintensiv ein »Ja, ich kaufe« für ihn wird. Ein solches »Ja« setzt daher auch einen Lern- und Verständnisprozess des Kunden voraus, der vom Verkäufer und seinem Unternehmen gefördert werden muss. Um komplexe Zusammenhänge nachvollziehbar und verständlich zu machen, sollten Angebot und Preissummen (oder eines von beiden) in mehrere Einzelteile und Teilsummen zerlegt werden. Ein Beispiel illustriert, was damit gemeint ist:

Ein Qualitätskonsortium für Wein und Sekt wollte neuen Kunden aufzeigen, warum günstiger Sekt nicht schmecken kann. Mit banalen Hinweisen – wie zum Beispiel »Der ist doch viel zu billig, um schmecken zu können« – hatte die Gruppe keinen Erfolg. Nach einiger Überlegung wurde deshalb eine alternative Argumentation entwickelt. Durch eine Kette von Fragen wurde der Kunde nun dazu gebracht, gemeinsam mit dem Fragenden vom Konsortium den Preis für einen Liter des zur Sektherstellung benötigten Grundweins auszurechnen:

Konsortium: »Dieser Sekt liegt bei einem Verkaufspreis von 1,99 Euro. Wie viel Euro Mehrwertsteuer sind darin enthalten, wenn wir den Steuersatz von 16 Prozent zugrunde legen?«

Kunde: »Das macht 27 Cent für die Mehrwertsteuer.«

Konsortium: »Dann sind wir bei 1,72 Euro. Wie hoch schätzen Sie denn den Gewinn für den Händler?«

Kunde: »Von dieser Summe schätzungsweise 8 Prozent.«

Konsortium: »Das entspricht also 14 Cent. Ziehen wir diese von den 1,72 Euro ab, so sind wir bei 1,58 Euro. Und wie viel verdient der Großhändler? Was glauben Sie?«

Kunde: »Möglicherweise ebenfalls so 8 Prozent.«

Konsortium: »Das entspricht 13 Cent. Es bleiben also 1,45 Euro.«

Das Konsortium stellte weitere nachvollziehbare Fragen nach dem Preis für Logistik, Korken, Korkenhalterung, Stanniolfolie, Verpackung, Etikett, Flasche, Werbekosten, Lohnkosten des Herstellers, Gebäude, Fixkosten des Herstellers und so weiter. Mit jeder Frage wurde der Wert, der den Einkaufspreis des Grundweines beschreiben sollte, kleiner und kleiner.

Konsortium: »Nun liegen wir bei 0,47 Cent.«

Kunde: »Ganz schön wenig für einen Grundwein.«

Konsortium: »Und davon geht noch die Sektsteuer ab.«

Kunde: »Stimmt, da gibt es so etwas.«

Konsortium: »Die Sektsteuer, die auf jede Flasche Sekt in Deutschland erhoben wird, liegt unabhängig vom Verkaufspreis bei 1,08 Euro.«

Der Preis für den Grundwein war damit bei minus 61 Cent angelangt. Aufgrund einiger Fehleinschätzungen des Kunden im Laufe der Fragenserie war dies zwar ein falsches, jedoch sehr lehrreiches und verblüffendes Rechenergebnis. Der Kunde war nun von der Minderqualität des billigen Sektes überzeugt.

Sinnvoll ist auch die Zerlegung größerer Summen in weniger beeindruckende Teilsummen. Wird beispielsweise eine Fluglinie danach gefragt, wie viel der Flug einer Boeing von München nach Hamburg kostet, dann lautet die Standardantwort: »Dafür geben wir einige tausend Euro aus.« Doch warum nicht stattdessen den – logischerweise viel kleineren – Betrag pro Passagier angeben? Oder sogar die – nochmals geringere – Summe pro Passagierkilometer? Hier wird gleich doppelt geteilt, durch die Zahl der Passagiere und die der Kilometer.

Weiteres, originelles Beispiel der Wirkung von aufgeteilten Preissummen: Ein Immobilienmakler, der eine Wohnung ohne Küche – in New York mittlerweile keine Seltenheit mehr – an den Mann oder die Frau bringen will, schreibt: »Bei einem durchschnittlichen Anschaffungspreis einer Küche mit circa 15 Quadratmetern von 7 000 Euro und einer angenommenen Mietdauer von drei Jahren, in denen Sie möglicherweise durchschnittlich gerade einmal in der Woche kochen, liegen die umgelegten Küchenanschaffungskosten immerhin bei 44,87 Euro pro Essen. Die zusätzliche Miete, die Verzinsung, der Lebensmittelpreis und die Kochzeit wurden dabei noch nicht eingerechnet. Von dieser Summe lässt sich schon sehr gut Essen gehen.«

Ein Beispiel zur Berechnung des Return on Investment (ROI) aus dem Bereich Business-to-Business zeigt Abbildung 14.

Das Invest-Sandwich: So werden Preise verpackt

Wir haben gesehen, wie sich Preise durch Marktführerschaft und Mehrwert rechtfertigen sowie durch das Anbieten von Alternativen und das Aufteilen in Teilsummen geschickt darstellen lassen. Eine weitere Möglichkeit der

Präzision ist FEIN.

Rationeller Einsatz von FEIN-Elektro-Gewindeschneidern

Zeitvergleich zwischen Gewindeschneiden von Hand und Gewindeschneiden mit einem FEIN-Elektro-Gewindeschneider unter Verwendung des jeweils gleichen Gewindebohrertyps.

Test-Material: Baustahl

Materialstärke: ca. 1,5 x Nenndurchmesser des Gewindes.

Beispiele über Zeiteinsparung bei folgenden Gewindegrößen:

Gewinde Größe	Material Stärke	Zeit für Handschnitt	Zeit für Maschinenschnitt	Zeitersparnis in sec. oder %
M 3	5 mm	23,8 sec	2,0 sec	21,8 sec ca. 91,8 %
M 4	6 mm	27,0 sec	2,0 sec	25,0 sec ca. 92,6 %
M 5	8 mm	25,9 sec	1,9 sec	24,0 sec ca. 92,7 %
M 6	10 mm	29,7 sec	2,3 sec	27,4 sec ca. 92,3 %
M 8	12 mm	40,3 sec	2,7 sec	37,5 sec ca. 93,0 %

Beispiel über Kosteneinsparung bei einem M 5 Gewinde

Stundensatz 45,– €
Kosten für 1 Gewinde von Hand
(Arbeitszeit = 25,9 sec.) = 0,32 €

BEISPIEL BEI M 5

Kosten für 1 Gewinde
mit FEIN-Elektro-Gewindeschneider
(Arbeitszeit = 1,9 sec.) = 0,02 €

Zeiteinsparung 24 sec. oder 0,30 € pro Gewinde

Weitere Vorteile beim Maschinen-Gewindeschnitt

Hoher Zeitgewinn,
niedrige Arbeitskosten,
geringe Werkzeugkosten,
wenig Freiraum beim Schneiden notwendig,
Maschine ist auch stationär einsetzbar,
Sackloch-Gewindeschneiden möglich,
Gewindeformen mit Formwerkzeugen,
als Einziehmaschine für Gewindeeinsätze
verwendbar,
kann nach Umbau der Kupplung auch als Stehbolzen-
Einziehmaschine verwendet werden.

Handschnitt 25,9 sec. | *Zeitersparnis 24 sec. oder 92,7 %* | 1,9 sec. Maschinen-Schnitt

Preiskommunikation ist das Investitions-Sandwich. Dazu vorerst ein Negativbeispiel: Fragt der Kunde nach dem Preis oder der Investitionssumme, so wird häufig nur eine Summe genannt:

Kunde: »Was kostet dieser Wagen?«

Verkäufer: »Den bekommen Sie für achtunddreißigtausendfünfhundert Euro.«

Wesentlich besser agiert der Verkäufer, wenn er die Summe im Paket mit Sonderausstattungen nennt – und sie noch dazu wie in einem Sandwich zwischen den Vorteilen »versteckt«:

Kunde: »Was kostet dieser Wagen?«

Verkäufer: »Sie erhalten dieses Auto mit zwei Airbags für achtunddreißigfünf (viel kürzer und runder als achtunddreißigtausendfünfhundert) inklusive der computergesteuerten Klimaanlage.«

Sowohl in der Gesprächsführung als auch in der Fernsehwerbung ist die Nennung einer Investitionssumme zwischen zwei Nutzenaussagen oder zwischen zwei Vorteilen das typische Formulierungsmuster. Im Gegensatz dazu stehen viele Summenangaben in schriftlichen Angeboten völlig »nackt« da. Eine unnötige »Entblößung«, denn fast immer können auch hier die Investitionsangaben in Nutzenaussagen eingebettet oder zumindest in einem Nutzenumfeld präsentiert werden. Die Resonanz der Kunden ist zumeist ermutigend: »Wir haben mit zunehmendem Wettbewerbsdruck zu kämpfen und gleichzeitig die Befürchtung, dass unser Kunde die von uns angebotenen Zusatzleistungen gar nicht mehr wahrnimmt. Bei unserer Angebotserstellung achten wir darauf, dass neben dem Preis noch der Satz ›Inklusive unserer 10-Punkte-Schrag-Sicherheitsgarantie‹ steht. Die ersten Erfahrungen damit sind positiv.«[57]

Günstiger statt billig

Viele Produkte wirken auf den ersten Blick teuer, weil der Kunde sehr schnell den Wert der Komponenten abschätzen kann und zum Ergebnis kommt: »Das kann ich viel billiger haben, wenn ich die Einzelteile kaufe.« In diesen Fällen argumentiert das herstellende Unternehmen fast immer ausschließlich mit dem Vorteil größerer Bequemlichkeit, heute auch »Convenience« genannt. Oft funktioniert das, denn viele Menschen haben immer weniger Zeit, und mehr Convenience bedeutet in der Regel Zeitersparnis.

Manchmal aber wäre es sinnvoll, zusätzlich einen Vollkostenvergleich der konkurrierenden Lösungen durchzuführen. Was das heißen soll, zeigt das Beispiel eines Produktes aus dem Bereich Lebensmittel:

Vor einigen Jahren brachte ein Unternehmen ein Pfannkuchenpulver in einer nur halb gefüllten Plastikflasche auf den Markt. Der Verbraucher muss diese lediglich mit Milch auffüllen, den Verschluss wieder draufschrauben, einmal kräftig schütteln, und fertig ist der Pfannkuchenteig. Wer den Wert der wesentlichen Bestandteile Weizenmehl, Eipulver, Glukosesirup und Zucker addiert, der wird den Preis des Halbfertigproduktes für viel zu hoch halten. Sicher, es geht schneller und ist bequemer, als einen Teig selbst herzustellen. Doch rechtfertigt das den Mehrpreis? Den Kunden, die darauf mit »Nein« antworten, könnte der Blitzteig-Hersteller mit einem Vollkostenvergleich oder einer Total-Cost-of-Ownership-Berechnung antworten: Wer Pfannkuchen komplett selbst herstellen will, der muss zunächst einmal Milch, Mehl, Salz und Zucker kaufen. Und Eier natürlich, bei denen es schon etwas schwieriger wird. Sie sollten ja frisch sein, was eine spontane Entscheidung für Pfannkuchen abends um halb elf unmöglich machen könnte. Außerdem sind ein Quirl und eine Rührschüssel nötig, die anschließend gespült werden müssen. Oft spritzt beim Rühren oder beim Transport des triefenden Quirls von der Schüssel zur Spülmaschine Teig auf den Küchentisch – wieder jede Menge Arbeit und ein teigiges Wischtuch. Und ob die Pfannkuchen auf diese Weise überhaupt gelingen? Nicht jeder hat die Intuition fürs richtige Mengenverhältnis von Milch, Mehl und Eiern. Ein Basis-Kochbuch würde helfen, aber das besitzen moderne Haushalte selten. – Schon beginnt der Kunde, mit der Shaker-Flasche und ihrem Versprechen eines im Handumdrehen fertigen Pfannkuchenteigs zu liebäugeln. Dabei wurde noch gar nicht an den Mehlstaub gedacht, den eine Mehlpackung beim Öffnen grundsätzlich verteilt. Und wohin mit dem Restmehl im überfüllten Vorratsschrank? Ach ja: Auch die Eierschalen wollen entsorgt werden. Plötzlich erscheint dem Kunden der Preis für den Pulvermix im Shaker gar nicht mehr zu hoch…

Nun wird der Pfannkuchenteig in der Shaker-Flasche nicht mit den in diesem Buch behandelten schriftlichen Angeboten an den Konsumenten gebracht. Doch das Prinzip des Vollkostenvergleichs lässt sich auf viele andere Produkte und auch auf Dienstleistungen übertragen. Immer geht es darum, die Kosten einer zunächst teuer erscheinenden Lösung den Kosten eines Verzichts auf diese gegenüberzustellen. So kann sich die Investition in eine neue Software lohnen, wenn dadurch beim Handling im Vertrieb Tag für Tag Zeit, also Geld gespart wird. Dasselbe gilt für eine Heizungsanlage, die aufgrund ihrer Bauart seltener gewartet werden muss als die derzeit installierte. Unternehmen, die mit dem Total-Cost-of-Ownership argumentieren, sollten alles berücksichtigen, was beim Kunden Kosten oder Zeitaufwand verursacht. Folgende Fragen führen auf die Spur dieser Dinge:

1. Welche Anschaffungen muss der Kunde machen, wenn er mein Angebot nicht annimmt, und wie teuer sind diese?
2. Welche Aufwendungen für Reparaturen, Wartung, Abfallentsorgung etc. entstehen ihm dadurch?
3. Welche Mehrarbeit fällt an, und wie viel Platz wird zusätzlich benötigt?

Zwar sind die Mehrarbeit und der Platzbedarf kaum in Euro und Cent auszudrücken, aber als Tüpfelchen auf dem i des Vollkostenvergleichs dennoch hilfreich. Motto: »Mein Angebot erspart Ihnen nicht nur 100 Euro pro Jahr, Sie gewinnen auch freie Lagerfläche und jeden Tag zehn Minuten freie Zeit.«

Mit den Wettbewerbern argumentieren

Im schriftlichen Angebot des Elektrogerätehändlers steht: »Sie bekommen diese Rasenmäher für den Großeinsatz auf Ihrem Golfplatz inklusive garantierter kostenloser Ersatzteillieferung während des ersten Jahres für nur 540 Euro, wobei darin eine Gratis-Einweisung durch einen unserer Spezialisten inbegriffen ist.« Ein geschickt eingebetteter Preis, doch was tut der Golfplatzbetreiber? Er lässt sich die Kataloge und Angebote von Wettbewerbern kommen. Motto: »Erst mal schauen, was die so bieten.« Auch die beste Preisdarstellung kann also nicht davor schützen, dass der potenzielle Käufer vergleicht und erst dann seine Entscheidung trifft. Gerade im heute in nahezu allen Branchen harten Verdrängungswettbewerb ist es schwer, sich mit den Angeboten durchzusetzen und Marktanteile zu sichern. Das gilt umso mehr für Newcomer, weil viele Kunden schon mit einem zuverlässigen Lieferanten versorgt sind. Unternehmen, welche diese Erkenntnis ernst nehmen, verschweigen deshalb die Konkurrenz nicht, sondern argumentieren offensiv mit ihr.

Martin Meier von der Meier Gebäudereinigung machte regelmäßig Telefonakquise und versandte häufig eine Vielzahl von Angeboten. Dennoch war die Resonanz der potenziellen Kunden sehr gering. Warum? Eine Analyse ergab folgende Resultate. Fast alle Angeschriebenen hatten schon einen Gebäudereiniger engagiert und scheuten den Wechsel zu einem anderen Anbieter. Als Gründe für diese Angst kamen infrage:

- Denkmuster der Art »Never change a running system«,
- Angst vor Veränderungen im Allgemeinen,
- Zweifel, ob ein anderer Anbieter irgendetwas signifikant besser machen könnte,
- hohes Risiko, da der neue Anbieter völlig unbekannt war.

Viele Kunden ließen sich zwar ein Angebot zuschicken, jedoch nicht aus wirklichem Interesse, sondern mehr um

- das Telefonat möglichst schnell zu beenden,
- Zeit zu sparen,
- nicht deutlich »nein« sagen zu müssen.

Bei weiteren Kontaktversuchen merkte Martin Meier, wie schwer es war, an die Entscheider heranzukommen. Bei so manchem Telefonat hatte er den Verdacht, dass diese sich von ihren Sekretärinnen oder Mitarbeitern verleugnen ließen. Meier musste also ein neues Konzept für das der Abgabe eines schriftlichen Angebotes vorausgehende Gespräch finden. Er änderte seine Taktik, indem er auf einen Vergleich mit den Mitbewerbern hinsteuerte.

Möglicher Kunde: »Wir haben keinen Bedarf an einem Gebäudereiniger, denn wir arbeiten schon mit der Firma XY zusammen.«
Meier: »In welchen Bereichen Ihres Unternehmens arbeiten Sie mit XY zusammen?«
Kunde: »In allen.«
Meier: »Dürfte ich Sie höflichst um ein Gedankenspiel in wenigen Sekunden bitten: Nehmen wir einmal an, Sie würden einen kleinen Teil Ihres Bedarfs durch uns abdecken. Was würde der Mitbewerber, Ihr jetziger Partner, dazu sagen?«
Kunde: »Das würde ihm nicht gefallen.«
Meier: »Was denken Sie: Wie würde sich dies auf die Qualität oder die Bemühungen von XYZ auswirken?«

Kunde: »Er würde sich sicherlich mehr anstrengen, damit wir von seiner Qualität überzeugt bleiben.«

Meier: »In einigen Fällen gehen Lieferanten noch weiter und bieten sogar noch günstigere Konditionen.«

Kunde: »Das ist gut möglich.«

Meier: »Also angenommen, Sie nehmen uns probeweise als zusätzlichen Lieferanten in einem Teilbereich auf. Wider Erwarten sind Sie nach einer Probezeit nicht mit unseren Leistungen zufrieden. Dann können Sie gerne den Auftrag (ohne Begleichung der Rechnung) kündigen und uns in hohem Bogen rauswerfen. Dennoch hätte sich etwas geändert. Die Qualität und die Bemühungen Ihres bisherigen Lieferanten hätten sich wahrscheinlich etwas gesteigert. Und möglicherweise hätten sich auch die Konditionen verbessert. Schaffen wir es jedoch – und davon gehe ich aus – tatsächlich, eine noch bessere Qualität als XYZ zu liefern, so haben Sie mit uns als Lieferanten eine weitere Qualitätssteigerung erreicht. Also: Welche dieser Alternativen auch eintritt, die Vorteile liegen ganz auf Ihrer Seite. In jedem Fall steht am Schluss eine Verbesserung für Ihr Unternehmen! Und das Risiko tragen allein wir.«

Was hier für ein persönliches Gespräch konzipiert wurde, lässt sich auch in einem Angebotsanschreiben umsetzen: »… Wir wissen, dass Sie bereits mit der Firma XYZ zusammenarbeiten. Doch das Bessere ist des Guten Feind. Lassen Sie uns Ihnen deshalb einen Vorschlag machen, bei dem Sie keinerlei Risiko eingehen. Angenommen, Sie würden einen kleinen Teil Ihres Bedarfs über uns abdecken. Was wird die Firma XY tun? Mit Sicherheit ihre Anstrengungen verstärken, vielleicht sogar die Konditionen für Sie verbessern. Sehr günstig für Sie, oder? Wenn Sie dann mit unseren Leistungen – nach zum Beispiel einer Woche – nicht zufrieden sein sollten, dann geben Sie uns einfach den Laufpass. Ihre Rechnung brauchen Sie in diesem – unwahrscheinlichen – Fall selbstverständlich nicht zu bezahlen. Auch das ist sehr günstig für Sie. Schaffen wir es aber, eine bessere Qualität als XYZ zu liefern, und davon sind wir überzeugt, dann profitieren Sie noch mehr! Für Ihr Unternehmen wird sich also immer eine Verbesserung ergeben – und das Risiko tragen allein wir. Was halten Sie davon?«

Die Meier Gebäudereinigung hat mit diesem Konzept eine Kommunikation entwickelt, die über die klassische Nutzenvermittlung hinausgeht. Dabei wird der Preis völlig in den Hintergrund gedrängt und stattdessen ausschließlich mit der Qualität der Leistungen sowie der Zufriedenheit des potenziellen Kunden argumentiert. Anstelle der plumpen Aufforderung »Wir sind billiger. Nimm uns« bietet Meier (der vielleicht gar nicht billiger ist) einen Test an. Der Kunde kann ohne Risiko herausfinden, welcher Anbieter besser ist – und ob ihm ein Qualitätsvorsprung von Meier sogar eventuelle Mehrkosten wert ist.

Der von der Meier Gebäudereinigung provozierte Vergleich zwischen verschiedenen Anbietern steht auch bei Ausschreibungen im Vordergrund. Viele Unternehmen behaupten, dass dabei allein der Preis zähle und deshalb ein noch so schönes und wirkungsvolles Angebot keinen Sinn mache. Eine nach einer Ausschreibung aufgestellte Tabelle scheint diesen Verdacht zu bestätigen (siehe Tabelle 5).

Hier werden einzig und allein Preise einander gegenübergestellt. Alles, was sonst noch in den Angeboten gestanden hat, ist unter den Tisch gefallen. Das Rennen machte mit Sicherheit Anbieter C, der den vom Berater geschätzten Preis um fast 18 Prozent unterbot. Denken Sie wirklich?

Tabelle 5: Vergleich der Preise bei einer Ausschreibung

Angebote	Preis	Differenz zu dem Preis, der vom Berater ermittelt wurde
Preis des Anbieters B	1 800 299,00 €	+ 5,4 Prozent
Vom Berater ermittelter Preis	1 708 355,00 €	+/– 0,0 Prozent
Preis des Anbieters A	1 545 919,00 €	– 9,5 Prozent
Preis des Anbieters C	1 403 200,00 €	– 17,9 Prozent

Dennoch gibt es immer wieder auch Beispiele, welche den Lehrsatz von der Fixierung auf den niedrigsten Preis widerlegen, ja ihn sogar teilweise ad absurdum führen. So war dieser Bericht auf der Regionalseite einer Tageszeitung zu lesen:

»Wie teuer muss ein Unternehmen sein, damit sein Angebot angenommen wird? – Diese Frage beschäftigte vergangene Woche den Gemeinderat von XY unter Leitung des ersten Bürgermeisters Olaf Maurer. Thema war die Auftragsvergabe für den Bau einer neuen Kläranlage inklusive Erneuerung der Kanalisation im Ortsteil Z sowie für diverse Straßenbaumaßnahmen im Industrie- und Gewerbegebiet. Der Kostenvoranschlag des beratenden Ingenieurbüros Huber aus München lag bei 1 800 340 Euro. Um rund 10 Prozent teurer fiel das Angebot der Firma Bau I GmbH mit 1 989 234 Euro aus. Um fast dieselbe Summe günstiger als der Kostenvoranschlag von Huber war das Angebot der Bau II GmbH (1 620 124 Euro). Doch das günstigste Angebot der Bau III GmbH lag mit 1 440 200 Euro etwa 20 Prozent unter der Schätzung des Ingenieurbüros. Bei einigen Teilsummen unterbot die Bau III die Messlatte sogar um über 30 Prozent. ›Ein unangemessen niedriger Preis‹, urteilte ein anwesender Fachmann des Ingenieurbüros Huber. Er behauptete, die Bau III habe ihre Kostenkalkulation nicht nachvollziehbar erklären können, und gab zu bedenken, dass möglicherweise Sicherheitsmängel auftreten würden. Einige Gemeinderäte argumentierten dagegen und wollten angesichts der angespannten Haushaltslage nicht leichtfertig Mehrkosten bewilligen. Andere stellten die Frage in den Raum, ob eine Klage drohe, wenn der billigste Bieter übergangen werde. Nur wenige sprachen sich ohne Wenn und Aber für die Bau III aus. Den Zuschlag bekam schließlich nach stundenlangen erhitzten Debatten die Bau II. Es ist noch nicht klar, wie der wesentlich günstigere Bieter Bau III reagieren wird.«

Nach wie vor gilt bei Ausschreibungen der Grundsatz des günstigsten Angebotes, gleichwohl kommen vielen Entscheidern dabei immer häufiger Bedenken. Die erwähnte Befürchtung vieler Unternehmen, eine Beteiligung an Ausschreibungen lohne sich nicht, wenn auf den ersten Blick andere günstiger seien, ist deshalb ein Vorurteil. Nicht selten setzen sich mittlerweile die seriösesten Angebote durch, die ganz offensichtlich realistisch und nicht ausschließlich mit Blick auf einen unschlagbar niedrigen Endpreis kalkuliert wurden.

Der Preis als Positionierungshilfe

Ob es der Einbau einer Heizungsanlage durch einen Handwerksbetrieb, die Packung Milch im Supermarkt oder die Renovierung eines Schulgebäudes ist: Immer ist der Preis eines Produktes oder einer Dienstleistung mehr als die bloße Übersetzung eines Wertes in eine Zahl. Richtig eingesetzt kann er Einfluss auf die Attraktivität des Angebotes sowie das subjektive Sicherheitsempfinden, die Zufriedenheit und das Vertrauen des Kunden nehmen. Mit anderen Worten: Der Preis muss oftmals eine gewisse Höhe haben, damit der Kunde Sicherheit, Zufriedenheit und Vertrauen empfindet. Da-

Abbildung 15: Das (Pr)Eisberg-Syndrom[58]

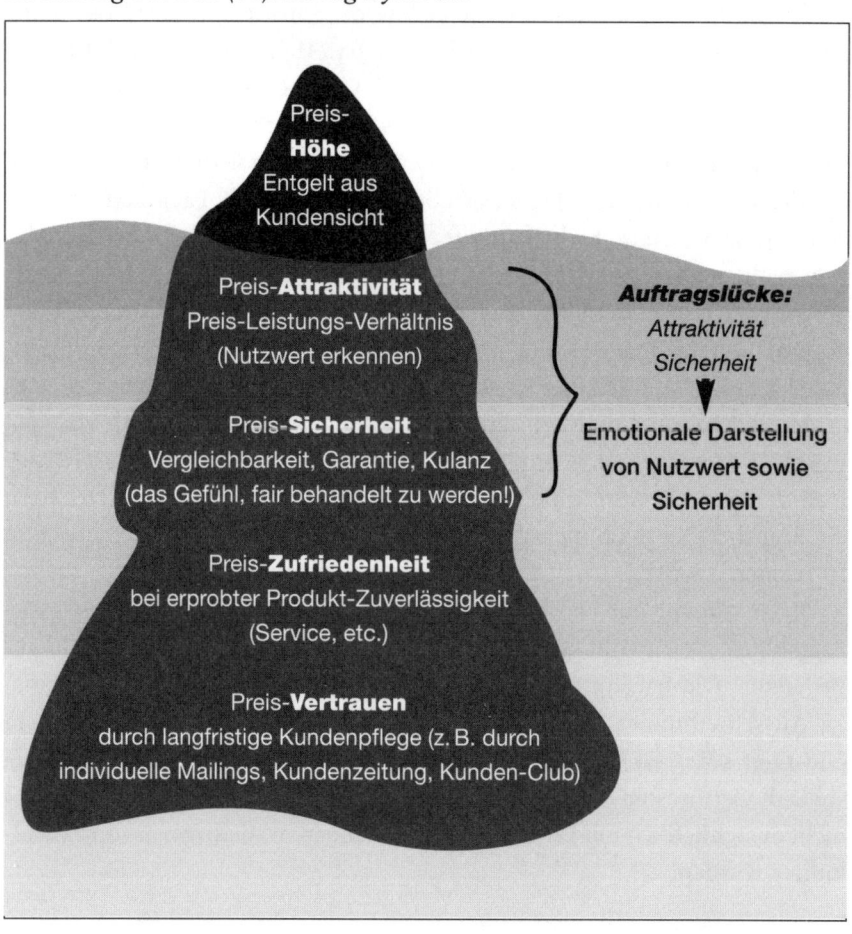

hinter steckt die Verbindung der Preishöhe mit einer Qualitätsvermutung. Nicht von ungefähr werden zum Beispiel beim Erwerb von Konsumgütern meist Markenartikel vorgezogen, auch wenn sie teurer als die No-Name-Produkte sind. Der Grund: Der Konsument ist sich bei den Marken »sicher«, für sein Geld eine angemessene Qualität zu bekommen. Nur ein Bauchgefühl vielleicht, aber eines, welches das Einkaufsverhalten der meisten Menschen dominiert.

Wie bei einem Eisberg ist also der auf einer Ware aufgedruckte Preis oder der Endpreis in einem schriftlichen Angebot immer nur die sichtbare Spitze (siehe Abbildung 15).

Was lehrt dieser Preis-Eisberg? Unternehmen müssen mehr tun, als ihren Kunden lediglich Zahlen zu präsentieren und darauf zu hoffen, dass der Preis als angemessen akzeptiert wird. Es geht unter anderem darum, durch eine langfristig angelegte, intensive Kundenpflege Preis-Vertrauen aufzubauen. Das kann beispielsweise durch Mailings, eine Kundenzeitung oder einen Kunden-Club realisiert werden. Eine hohe Zuverlässigkeit der Produkte und Dienstleistungen schafft Preis-Zufriedenheit, die gelungene Vermittlung des guten Preis-Leistungs-Verhältnisses und der Nutzenvorteile macht den Preis attraktiv. Ist diese Basis geschaffen, wird die Preishöhe vom Kunden in der Regel akzeptiert – als Entgelt für das Produkt oder die Dienstleistung, die wie die Spitze eines Eisbergs nur einen Bruchteil der tatsächlichen Leistungen des anbietenden Unternehmens ausmacht.

Kapitel 9

Anker: Bleibenden Eindruck hinterlassen

In diesem Kapitel werden folgende Themen behandelt:

▶ Verkaufen und Flirten haben viele Gemeinsamkeiten
▶ Chancen für Zusatzgeschäfte stärker nutzen
▶ Zusammenfassung und Extrakt von Angeboten
▶ Aktivierung des Kunden durch Handlungsaufforderung
▶ Der letzte Eindruck zählt

Das Rendezvous beim Italiener hatte verheißungsvoll begonnen. Michael war genau ihr Typ, die Figur stimmte, die Augenfarbe, die Größe ... nicht, dass Martina oberflächlich wäre, aber für den ersten Eindruck zählen nun einmal vor allem die Äußerlichkeiten. Auch das Restaurant, das er nach der telefonischen Verabredung ausgewählt hatte, passte. Die Atmosphäre, das Niveau, das Publikum. Schon bei der Vorspeise stellten beide viele übereinstimmende Interessen fest. Martina gefiel Michaels Sprache, seine Begeisterungsfähigkeit, die Kombination aus Zurückhaltung und spürbarer Energie. So war sie spätestens beim Dessert so weit, sich eine gemeinsame Zukunft durchaus vorstellen zu können. In Gedanken malte sie sich die weiteren Treffen, das Herantasten aneinander, das langsame Eintauchen in die Lebenswelt des anderen aus. Natürlich war es jetzt, nach gerade mal zwei Stunden zusammen verbrachter Zeit, viel zu früh, um mit diesen Gedanken herauszurücken, aber träumen sollte erlaubt sein. Doch dann, gerade als Martina ein zweites Treffen in der nächsten Woche vorschlagen wollte, bezahlte Michael mit an den Kellner gerichteten Worten: »Trinkgeld gebe ich grundsätzlich nie.« Martina verschluckte ihre Idee, demnächst einmal zusammen ins Theater zu gehen. Und als sie in ihrer Wohnung die Tür hinter sich schloss, dachte sie nicht an Michaels attraktives Lächeln, nicht an sein immenses Wissen und nicht an seinen Charme. Sie dachte allein an seinen Geiz.

Verkaufen und Flirten haben viele Parallelen – von der Akquise respektive dem Kennenlernen über das Aufeinanderzugehen oder die Präsentation bis zum After-Sales-Service beziehungsweise der Partnerbindung. Und: Hier wie dort zählt der erste Eindruck, doch bleibt der letzte haften. Es geht also darum, das Gefühl des anderen beim Auseinandergehen beziehungsweise beim Lesen der letzten Sätze des Angebotes möglichst positiv zu gestalten. Wer im Rennen bleiben will, der kann sich einen Fauxpas à la Michael nicht leisten. Welche Möglichkeiten aber hat ein Unternehmen, um einen guten Eindruck zu hinterlassen und zur Kaufentscheidung zu motivieren? Eine Frage, die weitere aufwirft (siehe Checkliste 10).

Checkliste 10: Wege zum positiven letzten Eindruck

1. Mit welchen Beilagen können Sie Ihre Angebote aufwerten und nachhaltige Aufmerksamkeit Ihrer Kunden erzeugen?
2. Wie können Sie Zusatzverkäufe generieren?
3. Wie können Sie die Inhalte Ihrer Angebote treffend zusammenfassen?
4. Wie können Sie Ihre Kunden effektiv aktivieren?

Mit 3-D-Beilagen punkten

Ein seit langem bekanntes, doch viel zu wenig eingesetztes Mittel der positiven Kundenbeeinflussung sind Beilagen. Insbesondere 3-D-Beilagen stoßen auf großes Interesse und sorgen dafür, dass der Anbieter im Kundenkopf präsent bleibt. Der Begriff ist etwas verwirrend, da natürlich auch ein Stoß Papier drei Dimensionen hat, doch die üblichen Schwarz-auf-weiß-Anlagen sind hier nicht gemeint. Als besonders wirkungsvoll haben sich solche Präsente erwiesen, die über Gummibärchen und Ähnliches hinausgehen – obwohl auch einfache Beilagen in bestimmten Branchen durchaus ihren Zweck erfüllen können. Beispiele mit sehr verschiedenartiger Wertigkeit sind:

- Audio-Mitschnitte,
- Aufkleber,
- Bücher,

- Datenträger (DVD, CD-Rom),
- Farbmuster,
- Fotos, Bilder, Poster,
- Materialmuster,
- Mini-Beutelchen Gummibären,
- Modelle,
- Musterteile,
- Referenzberichte auf Datenträgern,
- Proben,
- Tütchen mit Instant-Cappuccino,
- Videos,
- Werbegeschenke,
- Zeitschriften mit Artikeln über Branche, Produkte, Kunde, Anbieter und so weiter.

Selbstverständlich sind – mit Ausnahme der Kategorie Gummibärchen und Werbegeschenke – nur solche Beilagen sinnvoll, die einen klaren Bezug zum jeweiligen Angebot haben. Ein Materialmuster des Produzenten technischer Textilien, ein Audio-Mitschnitt eines Seminars beim Trainingsunternehmen oder ein Video der letzten Reise beim Veranstalter von Studienreisen: Sie machen das Angebot für den potenziellen Kunden sinnlich erfahrbar, wecken Vorfreude und beweisen die Qualität.

3-D-Beilagen können sogar ruhig ein wenig frech sein, was mit Sicherheit den Aufmerksamkeitsfaktor beim Kunden potenziert. Beispiele dafür wären das Päckchen Kondome, das einem Angebot für Sicherheitsfenster beiliegt (als Beispiel für transparente Sicherheit). Oder die Tüte mit verzehrfertigen Mini-Karotten im Duett mit der Aufforderung: »Wenn Sie davon genug haben, kommen Sie zu uns, Ihrem Optiker.« Ein Versicherungsunternehmen könnte seine Offerten für die Altersvorsorge mit einem Grundstück auf dem Mond anreichern (»… wenn es Ihnen später auf der Erde zu langweilig wird«) inklusive Zertifikat mit den exakten Koordinaten und einer Mondnachbildung. Für Hersteller hochwertiger Einbauküchen bietet sich als Beigabe eine Patenschaft für einen Olivenbaum an, die dem Kunden jährlich eine Flasche exzellentes Olivenöl beschert. Die erste Flasche, die dem Angebot beigepackt ist, erhöht sicher die Motivation für den Kauf einer diesem Spitzenprodukt ebenbürtigen Küche.

Bereits heute Verkäufe für morgen erzeugen

Selten werden Angebote dafür genutzt, Zusatzverkäufe zu generieren. Diese Zurückhaltung mag zum einen an der Angst liegen, den Entscheider damit zu überfordern oder auf zusätzlich anfallende Kosten aufmerksam zu machen. Auch kann es strategisch sinnvoll sein, erst einmal das Kerngeschäft abzuschließen, um dann, darauf aufbauend, weiteren Umsatz in die Wege zu leiten. Dennoch sollten die Chancen für Zusatzgeschäfte stärker genutzt werden. Eine enorme Fülle von Beispielen und Möglichkeiten für solche Cross-Sellings finden sich insbesondere bei Anbietern, die nur oder auch über das Internet verkaufen – etwa über Ergänzungen aus dem eigenen Portfolio:

- Wer unter www.amazon.de ein Buch anklickt, dem wird oftmals ein weiteres Buch desselben Autors oder zum gleichen Themengebiet empfohlen. Manchmal schlägt die Software auch ein gegenüber der Summe der Einzelpreise vergünstigtes Kombinationsangebot vor.
- Unter www.amazon.de werden Kombinationen von Büchern und Musik-CDs angeboten.
- Kunden, die auf der Homepage www.amazon.de ein Buch auswählen, wird oftmals mitgeteilt, welche weiteren Produkte andere Erwerber dieses Buches zusätzlich gekauft haben. Die Idee dahinter: Mit relativ großer Wahrscheinlichkeit haben zwei Leser desselben Buches sich überschneidende Interessengebiete.
- Unter www.starbucks.com wird Kunden, die Kaffee kaufen, auch der dazu passende Becher angeboten.

Viele Unternehmen weisen Kunden, die über ihre Internetseiten ordern, automatisch auf sinnvolle Ergänzungsangebote anderer Unternehmen hin:

- Bei der Buchung einer Reise unter www.lufthansa.com wird dem Kunden eine Reiserücktrittsversicherung angeboten.
- Bei der Buchung unter www.bahn.de werden verfügbare Hotels am Zielort angezeigt.
- Bei der Buchung einer Seminarreihe unter www.vondenbestenprofitieren.de lassen sich über einen Internet-Shop die dazu passenden Bücher bestellen.

Während also im Internet das Potenzial für Zusatz- und Ergänzungsverkäufe bereits vielfach genutzt wird, ist das bei den klassischen Verkaufswegen bisher noch eher selten der Fall. So erschöpfen sich die schriftlichen Angebote meist in der Deckung des Grundbedarfs beziehungsweise genau dessen, für das der Kunde am Telefon Interesse gezeigt hatte. Nach dem Motto »kein Schräubchen und kein Byte mehr« wird meist möglicher Zusatzbedarf ignoriert. Doch es gibt Unternehmen, die anders handeln – und die haben Erfolg:

McDonald's hat es längst vorgemacht. In umsatzschwachen Zeiten wird dem Kunden zusätzlich zu Burger und Co. beispielsweise noch eine Apfel- oder Kirschtasche angeboten. Selbst wenn sich nur jeder Zwanzigste der jährlich mehrere Hunderttausend Gäste zu einem »Ja« entscheidet, lohnt sich das enorm.

Bei einem Preis pro Tasche von angenommenen 0,99 Euro summiert sich der Zusatzumsatz auf eine stattliche Zahl. Der 30. Jahresbericht von McDonald's aus dem Jahr 2001 kam auf ein Umsatzplus von 5,19 Prozent – auf Basis der erwähnten Schätzung, dass jeder zwanzigste Kunde zusätzlich eine der süßen Taschen verzehren würde. Branchenkenner gehen jedoch sogar von einer positiven Zusatzentscheidung bei jedem siebten Kunden aus!

Die Fast-Food-Spezialisten der Gastronomie als Vorreiter: Das gilt auch bei der Nutzung der enormen Potenziale durch eine innovative Gestaltung von Speisekarten, über die sich ebenfalls Möglichkeiten für Zusatzgeschäfte ergeben: »Herkömmliche Kartengestaltung ist heute fast immer schlechte Kartengestaltung. Erfolgreiche Restaurantprofis lernen von Kataloggestaltern, Textern und Verhaltensforschern: Seit über 20 Jahren sind McDonald's & Co. nun in Europa auf Erfolgskurs. Die Gastronomieszene um uns herum hat sich grundlegend verändert. Doch Werbung und Verkauf im klassischen Restaurant ist seit Großvaters Zeiten gleich geblieben. Das eigentliche gastronomische Produkt ist nach wie vor unbekannt. Qualität wird immer noch falsch definiert. (Oder mit Luxus verwechselt!) Und Marketing findet kaum im Ansatz statt. Dabei geht es hier weder um große Strategien noch um teure Kampagnen, sondern lediglich um die wirkungsvolle Art der Angebotsgestaltung.«[59]

Immerhin lassen sich bereits heute auch abseits von Fastfood-Betrieben einige Unternehmen entdecken, die ihre Angebote konsequent für die Gewinnung von Zusatzumsätzen nutzen:

- Ein Produzent von Frankiermaschinen offeriert seinen Kunden stets zusätzliche Farbbänder und diverses Verbrauchsmaterial.
- Ein Druckerhersteller bietet beim Kauf eines Druckers automatisch Nachfüllpatronen an.
- Ein Kaufhaus schlägt Kunden, die einen DVD-Player kaufen, dazu eine Auswahl von DVDs vor.
- Ein Softwareanbieter bietet die zu der Software passende Schulung mit an.

Im Rahmen eines Pilotprojekts bei der Thoms GmbH in Hannover wurde allen Kunden, die Heizöl bestellten, zusätzlich eine Tankreinigung angeboten. Die Erfahrungen waren eindeutig positiv:

- Jeder zehnte Kunde bestellte bei einem telefonischen Angebot eine Tankreinigung dazu.
- Fast jeder achte Kunde bestellte bei dem schriftlichen Angebot eine Tankreinigung dazu.
- Fast jeder fünfte Kunde bestellte im Internet eine Tankreinigung dazu.

Beim Anbieten von Zusatzprodukten oder zusätzlichen Dienstleistungen ist unbedingt auf einen fairen Umgang mit dem Kunden zu achten. Ihm muss deutlich gemacht werden, dass die über das Kernangebot hinausgehenden Dinge extra zu bezahlen sind. Geschieht dies nicht, so riskiert das Unternehmen eine Flut an Reklamationen – und den Verlust zahlreicher Stammkunden.

Ebenso wichtig: Die Extras sollten in jedem Fall sinnvoll sein, also zum Kernangebot passen und dem Kunden einen wertvollen Zusatznutzen einbringen. Dann, und nur dann, tragen Zusätze zu einem positiven letzten Eindruck beim Empfänger des Angebotes bei. Die Heizöl-Besteller etwa freuten sich in großer Zahl über die angebotene Tankreinigung, weil sie dadurch nicht selbst nach einer Fachfirma für diese Arbeit suchen mussten.

Und selbst wenn ihr Tank gerade keine Reinigung nötig hatte, erhielten sie doch den Eindruck: »Da kümmert sich jemand um meine Probleme und bietet mir Lösungen an!« Mit hoher Wahrscheinlichkeit werden diese Kunden bei der Thoms GmbH anrufen, sobald ihr Tank reif für eine Säuberungsaktion ist.

Warum Zusammenfassungen sinnvoll sind

Erfolgreiche Verkäufer und Redner machen es ihren Kunden und Zuhörern leicht: Sie fassen nach größeren inhaltlichen Blöcken, bei lange dauernden Gesprächen oder Vorträgen die entscheidenden Punkte nochmals zusammen. Erst dann kommen sie zu neuen Details, erläutern diese und stellen sie zur Diskussion. Verständlich, dass Kunden und Zuhörer am Ende einen positiven Eindruck vom Verkäufer beziehungsweise Redner haben. Sie fühlen sich nicht überfordert und können problemlos inhaltlich folgen.

Denselben Hintergrund hat etwa die Zusammenfassung eines Buches auf dem Buchrücken. Kein potenzieller Leser würde ein Buch kaufen, von dem er nur ISBN, Titel und Autor kennt – es sei denn, er hat schon viele Werke eben dieses Autors verschlungen. Oder die kurzen Beschreibungen von Kinofilmen auf deren Seiten im Internet, die ebenfalls einen schnellen Eindruck des Angebotes ermöglichen sollen. Oder das Konzept des Musikverlags Mustermusik, dessen Chef gleichzeitig Scout für neue Musiker ist. Er kennt die Zeitnot seiner Kunden, der Entscheider großer Plattenlabel oder Musiksender, und weiß, welch riesige Informationsflut diese Tag für Tag zu bewältigen haben. Mustermusiks Chef macht es seinen Kunden daher so leicht wie möglich: »Jedem Angebot über einen neuen Künstler oder eine neue Band fügen wir als Deckblatt nochmals ein Extrakt bei. Dies hat den Nutzen für den Kunden, dass er schneller eine Übersicht über die angebotene Band bekommt. Ist diese uninteressant, kann er das Angebot gleich mit geringem Zeitverlust verwerfen. Ist die Sache für ihn interessant, hat er ja das ganze Angebot mit detaillierten Angaben vorliegen. Der Entscheider dankt uns dies in der Regel durch Bevorzugung unserer Angebote und mit einer schnelleren Antwort bezüglich Interesse oder Desinteresse.«

Zusammenfassungen und Extrakte verschaffen dem (potenziellen) Kunden einen schnellen Überblick und erleichtern das Verständnis komplexer Zusammenhänge. Sie werfen daher ebenso wie 3-D-Beilagen oder Zusatzangebote einen positiven Anker im Kundenkopf.

Die Kunden aktivieren

Es scheint eine Binsenweisheit zu sein und wird dennoch oftmals nicht berücksichtigt: Jedes Angebot sollte eine Handlungsaufforderung enthalten!

Diese können beispielsweise in folgenden Formen integriert werden:

- vorbereitetes Antwortfax, das der Kunde nur noch auszufüllen braucht,
- frankierter Briefumschlag, der die Hemmschwelle für eine schriftliche Antwort herabsetzt,
- Beschreibung eines möglichen nächsten Schrittes, beispielsweise: »Lassen Sie uns am kommenden Dienstag, dem 26. Juli, telefonisch darüber sprechen.«

Der letzte Punkt ist selbstverständlich nur sinnvoll in Kombination mit der Angabe eines Ansprechpartners, die jedes gute Angebot ohnehin enthält. In diesem Zusammenhang sollte es auch ein standardisiertes (und nicht zufälliges) Vorgehen des Anbieters über weitere Schritte nach der Angebotsabgabe geben (siehe Checkliste 11).

Checkliste 11: Nach der Angebotsabgabe kommt die Zeit vor dem Abschluss!

1. Legen Sie fest, wann – nach Abgabe des Angebotes – eine Erinnerung an den Kunden verschickt beziehungsweise telefonisch nachgefasst werden soll!

2. Konzentrieren Sie sich vor allem auf die bestehenden Kundenkontakte! Seien Sie höflich, aber hartnäckig, um jede erdenkliche Chance für einen Auftrag zu nutzen!

3. Senden Sie nach einem Auftrag sofort eine schriftliche Auftragsbestätigung und – abhängig vom Auftraggeber und Auftragswert – vielleicht sogar ein Überraschungsgeschenk wie zum Beispiel einen Blumenstrauß!

Die Aktivierung des Kunden durch Handlungsaufforderungen, Erinnerungen und telefonisches Nachfassen beeinflusst den Eindruck, den dieser vom anbietenden Unternehmen gewinnt. Wer aktiviert wird, der fühlt sich ernst und wichtig genommen. Seiner Eitelkeit wird geschmeichelt und dem Gefühl, nur einer unter vielen zu sein, effektiv vorgebeugt. So ist die Aktivierung ein weiterer positiver Anker im Bewusstsein des Kunden.

Der erste Eindruck zählt – der letzte bleibt in Erinnerung

Nicht nur Rendezvous-Szenen wie die zu Anfang dieses Kapitels erwähnte, sondern zahlreiche weitere Beispiele aus dem Alltag zeigen: Der erste Eindruck ist der Türöffner, doch bei einem negativen letzten Eindruck wird die Tür schnell wieder zugeschlagen. Den meisten Unternehmen ist das durchaus bewusst und so schließen sie ihre schriftlichen Angebote oder die dazugehörenden Anschreiben häufig mit Worten wie »Wir würden uns über Ihren Auftrag sehr freuen«, »Gerne sehen wir Ihrem Auftrag entgegen«, »Wir hoffen, Ihren Auftrag zu erhalten« oder »In Erwartung Ihres Auftrages ...«. Sicherlich machen Worte wie diese keinen schlechten Eindruck, sie künden von Höflichkeit und Interesse an einer Geschäftsbeziehung. Dennoch: Sie werden vom Kunden kaum registriert, sondern meist nur überflogen, denn sie sind nichts als standardisierte Floskeln.

Empfehlenswert ist es dagegen, den Kunden auch am Ende des Angebotes in den Vordergrund zu stellen – anstatt die eigenen Wünsche oder Hoffnungen. Geeignet dafür ist zum Beispiel eine Zusammenfassung des vom Kunden gewünschten und formulierten Nutzens: »Mit dieser Anlage werden Sie in Ihrer Produktion die nötige Kapazitätserweiterung mit der gewünschten Qualitätssteigerung schon in wenigen Wochen erzielen.« Darüber hinaus kann der Kundennutzen zum Beispiel auch im Postskriptum nochmals betont werden. Dabei sollte das Unternehmen immer bedenken, dass der Nutzen für den Kunden im Falle eines Auftrages erst noch unter Beweis gestellt werden muss.

Kapitel 10

Relevanz: Optimierung lohnt sich

In diesem Kapitel werden folgende Themen behandelt:

▶ Optimierungssegmente gegeneinander abwägen

▶ Zusammenfassung

▶ Durchstarten in die Praxis

▶ Beispiele für optimale Angebote

Von der Form und Sprache über die Nutzenkommunikation, die Argumentationsstrategie und die Wahrnehmungspsychologie bis zur Preisdarstellung und dem letzten Eindruck: Die vorgestellten Instrumente zur Angebotsoptimierung basieren auf zahlreichen Interviews mit Unternehmern, der Sichtung ihrer Angebote und Erfahrungen mit Optimierungen in der Praxis. Dazu sind einige Anmerkungen notwendig.

Was sinnvoll ist und was nicht

1. *Abgrenzung:* In einigen Branchen ist die Phase der Verkaufsbemühungen mit der Phase der Erstellung und Überreichung des Angebotes zusammengewachsen. Damit lässt sich manchmal die Grenze zwischen Verkaufsgespräch und Angebotspräsentation nicht klar ziehen.

2. *Relevanz:* Angesichts der Fülle von Möglichkeiten, Angebote zu optimieren, stellt sich die Frage, ob all dies nötig und sinnvoll ist. Ist ein Angebot wirklich nur ein »Preisschild« und der Preis das Einzige, was durch das Angebot kommuniziert werden soll, dann sicher nicht. In allen anderen Fällen hingegen hebt sich ein Angebot, das eine Vielzahl von Unterscheidungskriterien liefert, in positiver Weise von den Vergleichsangeboten ab, die aufgrund der üblichen einfachen Strickweise nur den Preis transportieren.

3. *Auswertung:* Tatsächlich ist der Nutzen eines optimierten Angebotes nur schwer quantifizierbar. Dies hat mehrere Gründe. Zum einen lässt sich der Erfolg oder Misserfolg aufgrund fehlender Vergleichsdaten empirisch selten nachweisen. So gleicht gerade im Investitionsgüterbereich kein Geschäft dem anderen, selbst wenn sich die Produkte und Dienstleistungen nicht oder kaum unterscheiden. Jeder Entscheider »tickt« anders, es differieren die jeweiligen Probleme, Prozesse oder Gründe, warum Lösungen gekauft, bevorzugt oder auch nicht gekauft und nicht bevorzugt werden. Jede Kaufentscheidung wird subjektiv getroffen. Die Aussagen vieler befragter Unternehmen lassen dennoch eine eindeutige Korrelation zwischen der Menge von passenden Argumenten und der Wahrscheinlichkeit einer positiven Kaufentscheidung vermuten. Je weniger greifbar, vorstellbar, messbar die Qualität der angebotenen Produkte und Dienstleistungen ist, desto eher führen positive Angebote zu einer Entscheidungssicherheit des Kunden. Gleichzeitig wächst die Entscheidungsunsicherheit in Bezug auf die Angebote der Wettbewerber. Eine Bewertung wird allerdings dadurch erschwert, dass im Verkauf auf beiden Seiten nicht alle Gedanken auch ausgesprochen werden.

4. *Begrenzte Angebotsanforderung:* Interessenten fordern in der Regel nur dann Angebote an, wenn sie noch keine Entscheidung getroffen haben. Fällt dagegen die Entscheidung bereits bei den Vorgesprächen, brauchen viele Kunden kein Angebot mehr, sondern sie unterzeichnen sofort einen Kaufauftrag – sofern technisch machbar. Oder sie erteilen den Auftrag mündlich und fordern ein Angebot lediglich der Form halber an. In diesem Fall wird es im Allgemeinen für die kaufmännische Abteilung benötigt, um abwicklungstechnischen Vorgaben zu genügen, nicht aber zur Förderung der Entscheidungsfindung.

5. *Literatur:* Das Thema der optimalen Gestaltung eines Angebotes scheint ein noch weitgehend unerforschtes Gebiet zu sein. Es gibt keine nennenswerte Literatur hierzu, obwohl gleichzeitig die Nachfrage danach groß ist.

6. *Menge:* Die vorhergehenden Kapitel liefern eine Ideensammlung für die Angebotsgestaltung. Sie bietet Unternehmern – ähnlich einem Buffet – einzelne Bausteine, Tipps und Tricks, die je nach Art des Unternehmens

beziehungsweise der Produkte und Dienstleistungen ausgewählt werden können. Ziel ist in jedem Fall die Aufwertung des Angebotes. Manchmal bietet es sich an, sehr viel in das Angebot hineinzupacken, ein anderes Mal ist weniger mehr. Alle Punkte umzusetzen wird wahrscheinlich zu viel und für den Kunden »unbekömmlich« sein. Hier gilt wie in der Medizin das Prinzip, dass der Erfolg vom richtigen Mittel und von der richtigen Dosis abhängt.

7. *Relevanz der Inhalte:* In den letzten Jahren hat sich dank einer Vielzahl von Kreativleistungen die Aussagekraft von Werbeanzeigen, Prospekten, Flyern, Broschüren und Ähnlichem erhöht. All dies trägt dazu bei, Produkte und Dienstleistungen in einem besseren Licht und zum Kauf motivierend darzustellen. Nun ist die Frage: Warum werden so viele Inhalte für die Angebotserstellung vorgeschlagen, obwohl sie zweifelsohne eher der Prospektwerbung zuzuordnen sind? Weil es im Gegensatz zum Fortschritt bei den Werbemedien zu einem Stillstand bei der Weiterentwicklung von Angeboten gekommen ist. Diese sind im Wesentlichen immer noch geprägt durch interne Zahlen, Artikelnummern und reine Preisaussagen. Da in der Regel nicht bekannt ist, ob der Entscheider möglicherweise schon zuvor kommunizierte Informationen überhaupt kennt – oder behalten hat oder noch zuordnen kann –, scheint eine Wiederholung der wesentlichen Produktinformationen in Angeboten sinnvoll. Zudem gibt es durchaus auch Produkte und Dienstleistungen, bei denen relevante Details nicht nur in den Angeboten, sondern auch in den vorhandenen Werbebroschüren und Produktbeschreibungen fehlen. Also können diese Kernbotschaften sowohl für die Vermittlung von Werbe- und Nutzenbotschaften als auch für die Optimierung der Angebote verwendet werden. Bezeichnend ist, dass eine klare Trennung zwischen Werbung und Angebot nur in wenigen Unternehmen vorgenommen wird. Eine kaum verwunderliche Beobachtung, denn schließlich ist ein gut gemachtes Angebot auch oder sogar in erster Linie eine Vermittlung von Werbe- und Nutzenbotschaften.

8. *Widersprüchlichkeit:* In keinem Angebot können, wie gesagt, alle aufgeführten Instrumente verarbeitet werden. Mehr noch: Einige der vorgeschlagenen Angebotsoptimierungen widersprechen sich sogar. Da

gibt es zum Beispiel auf der einen Seite das Keyword-Selling, nach dem nur wenige, für den Entscheider relevante Nutzen kommuniziert werden sollen. Auf der anderen Seite lautet eine Empfehlung, so viele Nutzen wie möglich zu kommunizieren, da eventuell mehrere, unter Umständen dem Anbieter sogar unbekannte Entscheider über das Angebot befinden. Auch hier gilt also wieder, von Fall zu Fall abzuwägen, welche Strategie die richtige ist.

9. *Mehraufwand durch Individualisierung:* Ein Haupteinwand, den Verkäufer und Unternehmer gegenüber individualisierten Angeboten vorbringen, ist der damit verbundene Mehraufwand. Natürlich erfordert ein hochwertiges Angebot einen gewissen Zeit- und Kosteneinsatz. Doch dabei ist zu unterscheiden zwischen einmaligem und wiederholtem Aufwand. Gewisse Standardpassagen zum hohen Nutzwert von Produkten und Dienstleistungen müssen nur einmal aufbereitet werden und können dann für viele Angebote verwendet werden. Dagegen erfordert die Individualisierung eines Angebotes für einen bestimmten Kunden Extra-Aufwand, der jedoch verhältnismäßig gering gehalten werden kann. Entscheidend dabei ist die Relation zwischen Aufwand und Ertrag, der sich durch die Antworten auf folgende Fragen auf die Spur kommen lässt:
   – Wie viele Angebote führen gegenwärtig zu Aufträgen?
   – Wie viele Angebote könnten bei Individualisierung zu Aufträgen werden?
   – Welche Anhebung des Preises für die Produkte und Dienstleistungen ließe sich durchsetzen, wenn sich deren Wert für den Kunden durch eine deutliche und attraktive Nutzendarstellung erhöht?
   – Inwieweit kann Zeit eingespart werden, indem ein individualisiertes und zugleich unwiderstehliches Angebot möglicherweise Nachverhandlungen, Nachbesserungen oder Zusatzgespräche überflüssig macht?
   – Die generelle Frage lautet: Dürfen überhaupt Zeit und Mühe gescheut werden, wenn es um ein so existenzielles Thema wie die Generierung von neuen Aufträgen geht?

10. *Erstellungskompetenz:* Viele der vorgeschlagenen Möglichkeiten für die Verbesserung von Angeboten bauen auf dem Prozess vor der Ange-

botserstellung auf. Dieser Prozess, der meist auch durch ein Verkaufsgespräch geprägt ist, wird durch die vom Kunden gewünschten Informationen und Argumentationen bestimmt. Sie werden unter anderem
unter den Stichworten individualisierter Nutzen und Keyword-Selling
dargestellt.

11. *Materielle Beschränkungen:* Viele Unternehmen sind von zahlreichen
    Möglichkeiten der Angebotsoptimierung begeistert und sicher, dass
    sich ein entsprechender Einsatz in jedem Falle positiv auf ihren Ge-
    schäftserfolg auswirken würde. Allerdings wird oftmals die Software,
    die zur Angebotserstellung dient, als eines der Hauptprobleme für die
    Umsetzung ausgemacht. Manche Unternehmer verabschieden sich da-
    raufhin von den bisherigen Software-Lösungen, die meist in Verbin-
    dung mit der Faktura-Software stehen, und erstellen Angebote fortan
    mit den klassischen Programmen wie Microsoft Word oder Microsoft
    Excel. Andere wünschen sich zwar eine solche Veränderung, sehen den
    Wandel aber aufgrund der gewachsenen Struktur in ihren Betrieben als
    kurzfristig nicht realisierbar an. Ein großes Problem, denn viele der
    branchenübergreifenden Software-Lösungen – wie zum Beispiel KHK
    oder Lexware – und auch die branchenspezifischen Software-Lösungen
    machen oftmals keinen Unterschied zwischen Angebot und Rechnung.
    Hier gleichen sich sowohl die Masken als auch die Daten. In manchen
    Fällen wird lediglich die Bezeichnung »Angebot« durch die Bezeich-
    nung »Rechnung« ersetzt beziehungsweise der ein oder andere Steuer-
    satz deutlicher ausgewiesen.

12. *Veränderung der üblichen Verkaufsgewohnheiten:* Um ein Angebot zu
    optimieren, bedarf es manchmal mehr als nur der Integration von Nut-
    zendarstellungen und Co. Unter Umständen muss das gesamte Portfolio
    eines Unternehmens verändert werden, um zu einer besseren und sinn-
    volleren Leistungskommunikation zu kommen.

13. *Darstellung aus mehreren Blickwinkeln:* Viele der dargestellten Mög-
    lichkeiten zur Angebotsoptimierung ähneln sich sehr oder sind sogar
    identisch. So kann das Beispiel einer Nutzenberechnung gleich mehrere
    Werkzeuge beinhalten – wie die Visualisierung und die Aufteilung der
    Summen.

14. *Ziel:* Welches Ziel verfolgt ein Unternehmen mit einem Angebot? Soll es den Preis kommunizieren, einen Bedarf beim Kunden schaffen, Vorurteile abbauen, rechtliche Rahmenbedingungen darlegen oder Produkte verkaufen? Ab wann ist ein Angebot überhaupt ein Angebot? Die Abgrenzung zu üblichen Marketing-Tätigkeiten wird immer schwieriger, ist aber notwendig, denn: Die Zielsetzung eines Angebotes bestimmt über die Auswahl der Optimierungsinstrumente.

15. *Zusammenfassung der Diskussion:* Die Optimierung von Angeboten ist, unter den genannten Einschränkungen, eine sinnvolle Möglichkeit, das eigene Leistungsspektrum positiv darzustellen. Außerdem stärkt sie die Entscheidungssicherheit beim Kunden, was wiederum höhere Preise gegenüber dem Wettbewerb durchsetzbar macht. Angesichts des ruinösen Verdrängungsmarktes in vielen Branchen sollte dieses Thema sehr ernst genommen werden.

16. *Thesen:* Die Bedeutung einer Optimierung des schriftlichen Angebotes steigt mit
    – der Höhe der Preisdifferenz zum Wettbewerb und mit der absoluten Höhe des Preises,
    – der Komplexität der angebotenen Produkte und Dienstleistungen sowie
    – zunehmender Vergleichbarkeit mit Produkten und Dienstleistungen des Wettbewerbs. Die Bedeutung sinkt jedoch bei einer sehr stark ausgeprägten Vergleichbarkeit wieder ab.

Zusammenfassung

Im heutigen Verdrängungswettbewerb ist die wirkungsvolle Gestaltung der schriftlichen Angebote eine Möglichkeit, die Produkte und Dienstleistungen eines Unternehmens aus der Masse herauszuheben und für den Kunden attraktiv, wenn nicht gar unwiderstehlich zu machen. Die Märkte werden insbesondere durch das Internet von Tag zu Tag transparenter. Immer leichter und immer schneller ist der Kunde in der Lage, sich über Angebote auf dem Markt einen Überblick zu verschaffen. Hinzu kommt, dass viele der heute angebotenen Produkte und Dienstleistungen einander ständig ähnlicher werden. Allzu leicht reduziert sich daher der Vergleich des Kunden auf den Preis. Dabei werden oftmals Angebote nebeneinander gestellt und verglichen, obwohl sie nicht tatsächlich vergleichbar sind. Und es kommt letzten Endes derjenige Anbieter zum Zug, der das günstigste Angebot vorlegt.

Der Kunde kauft da, wo er den Nutzen (für sich persönlich beziehungsweise für sein Unternehmen!) am größten einschätzt, und nicht da, wo der Nutzen objektiv größer ist. Nicht das Unternehmen, das besser ist als die Mitbewerber, bekommt den Zuschlag, sondern dasjenige, das den Nutzen besser kommuniziert. Damit muss ein Angebot die subjektive Wahrnehmung des Kunden bezüglich Qualität und Wettbewerbsvorteil beeinflussen, um eine positive Kaufentscheidung herbeizuführen. Immer häufiger orientiert sich der Kunde am gebotenen Zusatznutzen und am zu erwartenden Mehrwert, wie Zugaben, Extra-Service, Beratung, Garantien und vieles andere mehr.

Wird das Verkaufen als Prozess betrachtet, so reiht sich das schriftliche Angebot in die Kette der Bemühungen um die Gunst des Kunden ein. Das heißt konkret: Es ist ein Element im Kampf um die Kundenaufträge – und zwar ein überaus wichtiges. In der Praxis trifft man jedoch allzu häufig noch auf Angebote, die neben dem Preis lediglich eine Menge für den Kunden unerheblicher Angaben wie Artikelnummern, Lagerplatznummern, Zugriffsdaten und Absicherungsformulierungen der Rechtsabteilung enthalten. Gerade kleine und mittlere Unternehmen kümmern sich in der Regel sehr um die Qualität, Qualitätssicherung und Qualitätssteigerung ihrer Produkte und Dienstleistungen. Sie bemühen sich jedoch nicht – oder nicht ausreichend – darum, wie dies den Interessenten kundenfreundlich, nutzenorientiert und kaufmotivierend dargestellt werden kann. Vor allem die Kommunikation über schriftliche Angebote ist oftmals ein Stiefkind innerhalb der gesamten Unternehmenskommunikation.

Das Optimum sieht dagegen so aus: Ein schriftliches Angebot betont die wesentlichen Alleinstellungsmerkmale der angebotenen Produkte und Dienstleistungen. Außerdem bezieht es sich spezifisch und ausdrücklich auf den in der vorangegangenen Analyse ermittelten Bedarf des Kunden. Und es hebt den allgemeinen Anwendungsnutzen sowie darüber hinaus den individuellen Kundennutzen augenfällig hervor. Dahinter steht die Erkenntnis, dass sich der Kunde nicht für ein Produkt oder eine Dienstleistung an sich interessiert, sondern für die sich daraus ergebende Lösung seines Problems. Besonders geeignet sind Nutzenformulierungen, die der Kunde zuvor selbst als Wunsch zum Ausdruck gebracht hat. Ganz wichtig: Auf diese Weise steht der Preis nicht isoliert da, sondern ist eingebettet in eine umfassende, übersichtliche und nachvollziehbare Darstellung aller kundenrelevanten Informationen.

Für das Ende eines Angebotes beziehungsweise des Anschreibens empfiehlt es sich, auf die üblichen Standardfloskeln zu verzichten und stattdessen mit einer Handlungsaufforderung zu schließen. Sinnvoll ist auch ein Ausblick auf die erzielte Verbesserung nach dem Kauf. Das gesamte Angebot sollte in einer klaren, eindeutigen und positiven Sprache gehalten sein und die Entscheider persönlich ansprechen.

Je weniger greifbar eine Leistung ist, desto stärker zieht der Kunde sekundäre Auswahlkriterien zur Entscheidungsfindung heran. Dem trägt ein Unternehmen mit einer auch optisch ansprechenden Gestaltung des Angebotes – unter Einbeziehung des Corporate Designs – Rechnung. Auch Slogans und Claims sowie all das, was das Unternehmen besonders auszeichnet, sind wichtige Bestandteile eines Angebotes.

Der Zeit- und Kostenaufwand für sorgfältig erarbeitete individuelle Angebote steht einem mehrfachen Nutzen gegenüber. Im Vergleich zu Standardangeboten sind folgende Vorteile zu erwarten:

- Das Preisniveau lässt sich auch in der Konkurrenzsituation zu billigeren Anbietern leichter durchsetzen, unter Umständen sogar steigern. Grund: Die Wertigkeit der angebotenen Produkte und Dienstleistungen kann glaubwürdig kommuniziert werden.
- Durch den deutlichen Bezug zum Kunden und dessen individueller Situation kann mit größerer Wahrscheinlichkeit eine stabile und langfristige Geschäftsbeziehung aufgebaut werden.
- Eine größere Zahl von Angeboten lässt sich in Aufträge verwandeln, was letztlich den wirtschaftlichen Erfolg des Unternehmens sichert.

Checkliste für den Praxistransfer

Auf dem Weg zum überzeugenden, ja unwiderstehlichen Angebot, helfen die Antworten auf die Fragen in Checkliste 12.

Checkliste 12: Testen Sie Ihre Angebote!

1. Entspricht Ihr Angebot in der Form den neuesten Gestaltungs- und Ausdrucksregeln?

2. Spiegelt Ihr Angebot die Corporate Identity und das Corporate Design Ihres Unternehmens sowie die Wertigkeit Ihrer Leistung wider?

3. Haben Sie alle Floskeln eliminiert?

4. Ist Ihr Angebot von Fremdwörtern oder unverständlichem Fachchinesisch gesäubert?

5. Sind in Ihrem Angebot alle wichtigen Substantive mit einem Adjektiv versehen?

6. Sind Ihre Produkte und Dienstleistungen – soweit passend – emotionalisiert beschrieben?

7. Fallen Ihre Angebote ein wenig aus dem Rahmen des Üblichen?

8. Sind die Informationen in Ihren Angeboten qualitativ und quantitativ nachweisbar?

9. Haben Sie eine klare Korrelation zwischen Problem und Problemlösung herausgestellt?

10. Verwenden Sie neben Produktinformationen auch den Produktnutzen und den Anwendungsnutzen?

11. Erwähnen Sie auch den individuellen Nutzen?

12. Haben Sie kritisch geprüft, ob Sie ausreichend viele, aber keine überflüssigen Argumente verwendet haben?

13. Zitieren Sie auch Äußerungen des Kunden in Ihrem Angebot?

14. Führen Sie vor der Angebotsstellung, auf welchem Weg auch immer, eine Analyse durch?

15. Ist Ihr Angebot als reine Produktdarstellung oder als wirkliche Lösung für den Kunden formuliert?

16. Achten Sie darauf, dass die Qualität Ihrer Leistungen den Qualitätsansprüchen des Kunden entspricht?

17. Verwenden Sie konkrete Aussagen anstelle der nichtssagenden Begriffe Qualität, Service und Kompetenz?

18. Kennen Sie die Vorteile Ihres Unternehmens und Ihrer Angebote gegenüber Ihren Wettbewerbern und stellen Sie diese im Angebot dar?

19. Sind alle Bedenken, mögliche Skrupel und Einwände des Kunden in Ihrem Angebot beantwortet?

20. Gibt es Eselsbrücken oder Gedankenstützen in Ihrem Angebot, die dem Kunden das Behalten und Zuordnen von positiven Merkmalen erleichtern?

21. Enthält Ihr Angebot Elemente, die den Kunden weitere Leistungen Ihres Unternehmens assoziieren lassen?

22. Sind Referenzen oder andere Beweise der Zufriedenheit Ihrer Kunden im Angebot enthalten?

23. Verwenden Sie »Vorher-Nachher-Aussagen«?

24. Rechnen Sie innovative, ergänzende Zusatzleistungen in Ihr Angebot mit ein, was dessen Wert erhöht?

25. Integrieren Sie auch emotionale Aspekte und Erlebnisbeschreibungen?

26. Nutzen Sie mehrere Punkte, um das »Wie« Ihrer Arbeit genau zu beschreiben?

27. Geben Sie in Ihrem Angebot explizit – mindestens die gesetzlich vorgeschriebenen – Garantien an?

28. Kommunizieren Sie Ihre Stärke oder Vorreiterschaft in Angeboten?

29. Sind alle möglichen Bezeichnungen oder Verfahren auch rechtlich gesichert, und wird dies zum Ausdruck gebracht?

30. Kommunizieren Sie vor der Leistungserbringung den exakten Wert der Leistung und welche – möglicherweise für den Kunden nicht sichtbare – Leistungen im Vorfeld nötig waren?

31. Arbeiten Sie in Ihrem Angebot mit Farben oder farblichen Akzenten?

32. Haben Sie alle Negativ-Formulierungen zu dem, was Sie nicht können, gestrichen?

33. Nutzen Sie visuelle Möglichkeiten, um Ihre Leistungen zu verdeutlichen?

34. Verwenden Sie zur Unterstützung der Glaubwürdigkeit Ihrer Aussagen auch Beweise in Ihren Angeboten?

35. Sorgen Sie für die unterbewusste Wahrnehmung Ihrer Kompetenz beim Kunden?

36. Haben Sie sinnvolle Argumentationsmuster, wenn der Kunde bereits durch den Wettbewerb versorgt ist?

37. Bauen Sie in Ihr Angebot Elemente ein, die den Kunden neugierig auf das ganze Angebot machen?

38. Verwenden Sie die richtigen Mengen, Preise und Werte?

39. Verfolgen Sie eine klare Preisstrategie?

40. Enthalten Ihre Angebote Informationen darüber, warum der Preis gerechtfertigt ist?

41. Bieten Sie teurere Leistungen mit an, um die Kaufentscheidung auf andere Leistungen zu lenken?

42. Stellen Sie Summen nach der Divisionsmethode dar?

43. Formulieren Sie in der Nähe der Endsumme auch noch eine Nutzenargumentation oder eine Nutzenzusammenfassung?

44. Nutzen Sie Beilagen, um die Aufmerksamkeit zu erhöhen?

45. Nutzen Sie Ihr Angebot, um Zusatzverkäufe zu generieren?

46. Verwenden Sie kundenbezogene Endformulierungen in Briefen?

47. Berechnen Sie den ROI (Return on Investment)?

48. Bauen Sie Entscheidungsunsicherheit für das Wettbewerbsangebot auf?

Wie ein optimales Angebot aussieht

Wie ein überzeugendes schriftliches Angebot inklusive Anschreiben aussehen kann, veranschaulicht das Beispiel des fiktiven Trainingsunternehmens Klaus Mangart.

Das hier in Schwarz-Weiß abgedruckte Angebot ist im Original farbig gestaltet, wobei mit den farbigen Akzenten sparsam umgegangen wurde. Das erhöht die Aufmerksamkeit beim Kunden, ohne ihn zu überfordern oder von den Inhalten abzulenken. Ein beigelegter Flyer des Trainingsunternehmens informiert über weitere Trainingsangebote und Seminare, stellt das Team der Trainer vor, verweist auf gewonnene Preise und listet positive Kommentare einer Reihe von Kunden mit bekannten Namen auf.

TRAININGSUNTERNEHMEN
Klaus Mangart

Firma Musterelektronik
Herrn Helmut Müller
Musterstraße 10
Musterstadt

17. Oktober 2005

Sehr geehrter Herr Müller,

herzlichen Dank für unser aufschlussreiches Gespräch bezüglich der geplanten Trainings. Wie besprochen erhalten Sie anliegend von uns das Angebot für das

Verkaufs- / Präsentationstraining
für die
Firma Musterelektronik

Dieses Angebot wurde ganz speziell für Ihre Anforderungen entwickelt, um einen Trainingserfolg sicherzustellen. Als Anlage habe ich Ihnen noch ein anderes Angebot beigelegt, das vor zwei Tagen an einen weiteren Kunden versendet wurde, damit Sie sich einen Überblick verschaffen können, wie detailliert wir vorgehen. Bei diesem Angebot habe ich den Namen des Kunden aus der Pharmazie durch Ihren Firmennamen ersetzt, damit der Datenschutz gewährleistet ist.

Jetzt wünsche ich Ihnen viel Freude beim Durchblättern.

Mit freundlichen Grüßen auch an Ihre Kollegen.

Klaus Mangart

Anlage:
Angebot

Klaus Mangart – Musterstraße 8 – PLZ München – Fon: xxx – Fax: xxx

Das überzeugt:

- Das Anschreiben beschränkt sich nicht lediglich auf die Zeile »anbei erhalten Sie unser Angebot«, sondern ist individuell formuliert.
- Der Empfänger wird persönlich angesprochen.
- Das Angebot ist vom persönlichen Ansprechpartner, also dem anbietenden Unternehmen, formuliert und unterschrieben.
- Adresse, Telefon- und Faxnummer des Unternehmens sind schnell erkennbar.
- Der Absender geht gleich im ersten Satz auf das Gespräch ein, das der Erstellung des Angebotes vorausgegangen ist – und dieses wird in positiven Worten beschrieben (»aufschlussreiches Gespräch«).
- Der Haupttext endet mit einer Sie-Botschaft, die den Angeschriebenen in den Mittelpunkt rückt (»Jetzt wünsche ich Ihnen viel Freude beim Durchblättern«).
- Bei der Grußformel werden auch die Kollegen des Empfängers – und damit vermutlich weitere Entscheider – einbezogen.

ANGEBOT FÜR

FIRMA MUSTERELEKTRONIK

Verkaufserfolge weiter ausbauen

Professionelle Präsentationen vor Kunden

Nutzenargumentationen aufbauen

Als Persönlichkeit überzeugender werden

Neue Ziele setzen und erreichen

Leistungen von Musterelektronik visualisieren

Klaus Mangart – Musterstraße 8 – PLZ München – Fon: xxx – Fax: xxx

Das überzeugt:

- Das Deckblatt des Angebotes ist übersichtlich gestaltet.
- Das Unternehmen des (potenziellen) Kunden steht eindeutig im Mittelpunkt.
- Die Vorteile des Angebotes für den Kunden werden auf leicht verständliche und einprägsame Weise dargestellt.
- Durch die Erwähnung von Musterelektronik werden die Vorteile noch deutlicher auf den Kunden bezogen.

Verkaufs-/Präsentationstraining
Musterelektronik

1. Ziel:

- Der sinnvolle Aufbau Ihrer Präsentation wird praxisgerecht entwickelt.
- Die Wirkung Ihrer Präsentation wird durch den Einsatz moderner Medien gesteigert.
- Die Entwicklung eines visuellen Hilfsmittels, mit dem Sie Ihr System bildhaft präsentieren können.
- Sie können nach diesem Training die Leistungsmerkmale Ihres Logistiksystems noch besser darstellen.
- Sie werden überzeugen, weil Sie die richtige Wirkung im richtigen Moment erzielen.
- Ihre persönliche Wirkung wird durch gezieltes Training Ihrer Körpersprache erhöht.
- Sie können auf Einwände und Störungen sicher und schlagkräftig reagieren.
- Durch ein kontinuierliches Coaching wird Ihre Wirkung und Darstellung langfristig und anhaltend gesteigert.

Dieses Training verfolgt das Ziel, durch langfristige Intervalle eine deutliche Steigerung der Ergebnisse von Musterelektronik in Qualität und Quantität zu erreichen. Dies soll sich positiv auswirken auf:

- Kunden und den Eindruck von Musterelektronik,
- Umsatz,
- Mitarbeiter und deren Motivation.

Klaus Mangart – Musterstraße 8 – PLZ München – Fon: xxx – Fax: xxx

Das überzeugt:

- Diese Seite beantwortet dem Kunden seine wohl wichtigste Frage: »Warum soll ich dieses Training buchen?«

- Es werden sowohl die Ziele des Trainings formuliert als auch die Wege aufgezeigt, wie diese erreicht werden.

- Bei allen Unterpunkten wird der Kunde direkt angesprochen (»Sie«, »Ihrer«).

- Die Gedanken des Kunden werden in eine positive Zukunft geführt, was die Motivation für eine Annahme des Angebotes erhöht.

- Alle Sätze stehen im Indikativ und nicht im Konjunktiv: »Der sinnvolle Aufbau ... wird entwickelt« statt »Der sinnvolle Aufbau ... würde entwickelt«. Dem Kunden wird damit ein bereits beschlossenes »Ja« zum Angebot suggeriert.

- Die Auflistung der Ziele schließt mit für den Kunden »greifbaren« Vorteilen: Eindruck, Umsatz, Motivation. Es wird Bezug auf die den Erfolg bestimmenden Pole, »Kunden« und »Mitarbeiter«, genommen.

Verkaufs-/Präsentationstraining
Musterelektronik

2. Trainingsinhalte:

Die Übungen werden gezielt auf den Wissensstand und die Fähigkeiten der Teilnehmer zugeschnitten. Im Training werden Grundlagen und ausgewählte Aspekte nach ihren Wünschen behandelt. Der Trainingsinhalt richtet sich nach den Vorstellungen und Erwartungen der Firma beziehungsweise der Mitarbeiter.

Die hier formulierten Ziele und Inhalte sind Möglichkeiten, die jederzeit – also vor und während des Trainings – von Ihnen geändert werden können, um einen optimalen Seminarverlauf zu garantieren.

Als Möglichkeit bieten wir Ihnen einzelne Bausteine an, die Sie beliebig zusammenstellen können. Das Training kann sowohl in einem Block (mehrere Tage zusammen) oder in Intervallen durchgeführt werden, um größtmöglichen Transfer in den Berufsalltag zu schaffen. Sie finden folgende Punkte:

- Zielorientierte Verkaufsstrategie
- Wirkungsvolle Kundengespräche, Analogien
- Einwandbehandlung
- Akquisition, konkret verbleiben
- Sich selbst präsentieren – so wirken Sie auf andere
- Mit Mind-Mapping eine Präsentation strukturieren
- Die Bedeutung der Körpersprache
- Optische Rhetorik: Visualisierungstechniken und suggestive Darstellungsmittel
- Die 10 Stufen des Verkaufs

Klaus Mangart – Musterstraße 8 – PLZ München – Fon: xxx – Fax: xxx

Das überzeugt:

- Im ersten Absatz wird die Situation des Kunden in den Fokus gerückt – statt lediglich die eigenen Leistungen zu lobpreisen.
- Der zweite Absatz betont nochmals die Individualisierung. Anders als bei einem Angebot »von der Stange« sind alle Details stets vom Kunden änderbar – und das wird auch so kommuniziert!
- Die konkreten Trainingsinhalte sind so formuliert, dass sich auch »Laien« etwas darunter vorstellen können.
- Dem Kunden wird nicht ein feststehendes Paket zur Abstimmung (»Ja« oder »Nein«) vorgelegt, sondern er kann sich sein Wunschangebot aus verschiedenen Bausteinen zusammenstellen.
- Zusätzlich wird dem Kunden der Nutzen aufgezeigt (und sogar der Nutzenverlust, wenn die vorgeschlagene Lösung nicht realisiert wird).

Verkaufs-/Präsentationstraining
Musterelektronik

3. Methodik:

Die Teilnehmer sind aktiv im Training und steigern damit ihre Effektivität durch bewusstes Erleben.

Wesentliche Merkmale des Trainings sind:

- Positive Atmosphäre und teambildendes Verhalten
- Direkter Bezug zum Berufsalltag
- Aktive Beteiligung an:
  - Einzelübungen
  - Partnerübungen
  - Teamübungen
  - Rollenspielen
  - Präsentationen .
  - Videovorführungen
  - Situationsanalysen
  - Diskussionen
  - Besprechungen
  - Feedback-Runden

Klaus Mangart – Musterstraße 8 – PLZ München – Fon: xxx – Fax: xxx

Das überzeugt:

- Das Unternehmen stellt klar, wie es seine Leistungen erbringen wird.
- Adjektive wie »bewusst«, »positiv«, »direkt« und »aktiv« sorgen für eine Emotionalisierung.
- Bei der Erläuterung der Methodik wird auf »abgehobenes« Fachvokabular verzichtet. Die verwendeten Begriffe rufen im Kopf des Lesers Bilder hervor und überzeugen ihn von der Effizienz des angebotenen Trainings.

Verkaufs-/Präsentationstraining
Musterelektronik

4. Methodik bei Videoeinsatz:

Teile des Trainings werden mit Videokamera durchgeführt.

Die Teilnehmer werden im Trainingsraum mit Präsentations- und Verkaufstechniken vertraut gemacht. Nach einer kurzen Vorbereitungszeit hält jeder Teilnehmer seine Präsentation, die gleichzeitig auf seine persönliche Videokassette aufgezeichnet wird.

Während das Training unterbrechungsfrei weiterläuft, geht der Teilnehmer sofort nach seiner Präsentation oder nach seinem Kundengespräch mit seiner Kassette und seinem persönlichen Zielblatt in einen Nebenraum und sieht sich dort seine Aufzeichnung mit einem Trainer an. Hier erhält er nochmals unter vier Augen wertvolle Hinweise, die auch auf sein Zielblatt eingetragen werden. Nach intensiver individueller Betreuung geht der Teilnehmer in den großen Raum zurück und bereitet mit den gewonnenen Erkenntnissen seine nächste Präsentation bzw. sein Gespräch vor.

Durch den Einsatz des Nebenraumes sind die Teilnehmer sehr stark gefordert, und wir sind in der Lage, pro Teilnehmer mehrere, ständig noch besser werdende Präsentationen zu trainieren. Es gibt keinen Zeitverlust, sondern eine positive Atmosphäre, welche die Teilnehmer zu noch mehr Leistung motiviert.

Ebenso hat der Teilnehmer gegen Trainingsende alle Präsentationen auf Video und ein Zielblatt mit seinen speziellen Stärken und Wachstumsbereichen.

Außerdem sind wir sicher, dass Ihr Teamgeist und Ihr Team-Know-how noch mehr gefördert wird, wenn Partner aus Ihrem Unternehmen mit uns Trainern im Nebenraum mit dabei sind.

Klaus Mangart – Musterstraße 8 – PLZ München – Fon: xxx – Fax: xxx

Das überzeugt:

- Auf dieser Seite wird der Videoeinsatz als Besonderheit des Angebotes ausführlich thematisiert. Das Trainingsunternehmen hebt sich damit aus der Masse ähnlicher Anbieter heraus.
- Die detaillierte Beschreibung des Ablaufs kündet von Kompetenz und erhöht das Vertrauen beim Kunden.
- Ein Ausblick auf das Ergebnis bei Annahme des Angebotes – »ständig noch besser werdende Präsentationen ...« – wirkt motivierend.
- Im letzten Satz werden wiederum mit dem Training verbundene Ziele des Kunden – Förderung von Teamgeist und Know-how – eingeflochten.

Verkaufs-/Präsentationstraining
Musterelektronik

5. Veranstaltungsort:

Am 27. Juni und 28. Juni 2006 im Musterhotel in Hamburg.
Bei den anderen Terminen wird der Ort von der Musterelektronik festgelegt.

Bitte einen großen Trainingsraum – je nach Gruppengröße – vorsehen, damit die Gruppenarbeiten effektiv gestaltet werden können und durch Umräumen kein Zeitverlust entsteht. Die Teilnehmer sitzen an kommunikationsfreundlichen Tischblöcken und können an Flipcharts und Pinnwänden ihre Ausarbeitungen vornehmen. (Vier Flipcharts und eine Pinnwand sind wünschenswert, jedoch nicht immer erforderlich.) Alles weitere Material oder Technik wird gestellt. Bei Video-Coaching wird ein Nebenraum gebucht.

6. Teilnehmer:

Mitarbeiter von Musterelektronik nach Ihrer Wahl

7. Weitere Informationen:

Beiliegend erhalten Sie auch unsere Broschüre »Der Weg zu mehr Erfolg« in denen unsere Verkaufs- und Präsentationstrainings beschrieben sind.

Klaus Mangart – Musterstraße 8 – PLZ München – Fon: xxx – Fax: xxx

Das überzeugt:

- Die detaillierten Angaben zum weiteren Vorgehen – bei Annahme des Angebotes – signalisieren dem Kunden, dass er es mit Profis zu tun hat, die wissen, worauf es ankommt.

- Dem Kunden wird mit den Angaben zu den Voraussetzungen (»Bitte einen großen Trainingsraum ... vorsehen«) die Angst vor unkalkulierbaren Zusatzkosten genommen.

- Der Verweis auf die beiliegende Broschüre zeugt ebenfalls von Professionalität und macht Eindruck. Die meisten Kunden werden das Vorhandensein von Imageflyern und Co. als Beleg für reiche Erfahrung und Kompetenz betrachten.

Verkaufs-/Präsentationstraining
Musterelektronik

8. Investition:

Pro Teilnehmer für zwei ganze Tage von 27. – 28. Juni 2006 im Musterhotel: xxx Euro.

Stufe 1 Begleitung »on the Job« zur Analyse ist für Sie kostenfrei.

Sonst pro Trainingstag xxx Euro
(unabhängig davon, ob ein oder zwei Trainer von uns anwesend sind)

In diesen Konditionen sind für Sie enthalten:

* Trainingsvorbereitung
* Leitung und Durchführung des Trainings durch ein bis zwei Trainer
* Feedback-Gespräche
* Teilnehmerhandbücher
* Lehrmaterial
* Technik für Videoaufnahmen
* TV-Technik
* Spesen
* Situationsanalysen
* Mitarbeiter-Coaching

Die angegebenen Werte verstehen sich netto, zuzüglich MWSt.

Klaus Mangart – Musterstraße 8 – PLZ München – Fon: xxx – Fax: xxx

Das überzeugt:

- Statt das Wort »Preis« mit seinen negativen Assoziationen zu verwenden, spricht der Anbieter von einer »Investition«. Die Gedanken des Kunden werden damit in Richtung des Gewinns dirigiert, der meist mit einer Investition verbunden wird.

- Das Anbieten der kostenlosen Begleitung »on the Job« schafft Vertrauen. Motto: »Die wollen nicht für alles und jedes gleich Geld sehen.«

- Die Kosten werden pro Trainingstag aufgesplittet angegeben, was günstiger wirkt als die viel höhere Gesamtsumme.

- Statt nur eine »nackte« Zahl aufzuführen, listet der Anbieter alles das auf, was der Kunde für seine Investition erhält.

Verkaufs-/Präsentationstraining
Musterelektronik

9. Garantie:

Sollten Sie mit dem Training nicht zufrieden sein, so entstehen Ihnen keine Kosten. Sie begleichen die Kosten einzig nach Ihrer Zufriedenheit. Wenn Sie zu 100 Prozent zufrieden sind, begleichen Sie bitte 100 Prozent. Falls Sie zu 50 Prozent zufrieden sind, begleichen Sie lediglich 50 Prozent u.s.w. Bitte lassen Sie uns jedoch rechtzeitig wissen, wenn Sie merken, dass dieses Training nicht zu Ihrer Zufriedenheit verläuft. Sie können das Training jederzeit bei Nichtgefallen abbrechen.

10. Schlussbemerkung:

Dieses Training soll einen wirklich ausschlaggebenden Impuls für eine erfolgreiche Unternehmensentwicklung darstellen. Es ist mir persönlich ein großes Anliegen, dass Sie danach eine wirkliche Verbesserung und Sicherheit spüren. Sie können versichert sein, dass ich alles mir Mögliche tun werde, um mit diesem Training einen Meilenstein zur fruchtbaren Unternehmensentwicklung der Musterelektronik beizutragen.

Klaus Mangart – Musterstraße 8 – PLZ München – Fon: xxx – Fax: xxx

Das überzeugt:

- Die Garantie befreit den Kunden von jeglichem Risiko. Gleichzeitig erhöht sie dessen Vertrauen in den Anbieter enorm. Denn: Welches Unternehmen wird die Möglichkeit einer geringeren Entlohnung anbieten, wenn es nicht von der Zufriedenheit seiner Kunden überzeugt ist?
- Im Schlussabsatz wird der Empfänger des Angebotes nochmals persönlich angesprochen. Der Absender konzentriert sich in der Darstellung seiner Motivation ganz auf die Steigerung des Erfolgs seines (möglichen) Kunden. Und die Formulierung »... dass ich alles mir Mögliche tun werde ...« macht ihn in den Augen des Kunden persönlich für die Qualität seiner Leistungen»haftbar«.

Literatur

Asgodom, Sabine; Scherer, Hermann: *Jetzt komm ich*, 2. Auflage, München, mvg Verlag, 2001

Blümelhuber, Christian: *Branding*, Vortrag, München, 2002, unveröffentlichtes Manuskript
Bruckbauer, Bernhard: Bruckbauer Unternehmensgruppe, 2002, Cham, Angebotsinhalt

Christiani, Alexander: *Magnet Marketing*, Frankfurt am Main, F.A.Z.-Buch, 2002
Consulting Partner, Heyde AG: Universität Freiburg – Telematik, e-Reality 2000-Studie, Prozessmodell des Digitalen Wirtschaftens: Institut für Informatik und Gesellschaft – Telematik, http://www.iig.uni-freiburg.de/telematik/lehre/vorlesungen/material/ tel3neu/41_%20Anbahnungs_Informations_Phase_2.pdf

Dale Carnegie Training, Angebotsvorlage, München, 1999
Dale Carnegie Training Deutschland: Umfrageergebnisse, Siemens, VTFÜ II, Nutzenabfrage, 2000
Detroy, Norbert: *Preisverhandlungen*, Teilnehmerhandbuch, Detroy Consultants International, Freising, 2001
Dr. Glöckner-Holme, Irene: »Wie erkennt man sein Marktführungs-Potenzial?«, in: *salesprofi*, 12/2000, Wiesbaden, Gabler, 2000

Langer Elektrotechnik Johannes Langer GmbH, Angebotsvorlage, Varel, 2003

Meffert, Heribert: *Marketing*, 9. Auflage, Wiesbaden, Gabler, 2000
Meier, Andreas: *Elektronische Märkte und das Internet*, Lehrstuhl für Wirtschaftsinformatik, Johann Wolfgang Goethe-Universität, Frankfurt am Main, 2001

Pasztorfi, Janos: *Die Medizin kann nicht heilen*, Wiesbaden, Pro Inform Verlag, 1983
Pechtl, Hans: Vorlesung Konsumentenverhalten, Ernst-Moritz-Arndt-Universität, Greifswald, http://www.rsf.uni-greifswald.de/bwl/marketing/pdf-Dateien/aktuelle%20Semester/Konsumentenverhalten_091002.pdf

Reinhardt, Stephan: »Der verblasste Mythos«, in: *Welt am Sonntag*, Berlin, 3. März 2003

Rückle, Horst: *Nutzen bieten – Kunden gewinnen*, Offenbach, Gabal, 2002

Sawtschenko, Peter; Herden, Andreas: *Rasierte Stachelbeeren*, Offenbach, Gabal, 2000

Scherer, Hermann: Angebotsvorlage, Unternehmen Erfolg, Freising, 2002

Scherer, Hermann: Dokumentation, Unternehmen Erfolg, 1988 bis 2002, unveröffentlichtes Manuskript

Scherer, Hermann: *Sie bekommen nicht, was Sie verdienen, sondern was Sie verhandeln*, 2. Auflage, Offenbach, Gabal, 2002

Scherer, Hermann: *Verkaufen im Verdrängungswettbewerb*, Unternehmen Erfolg, Freising, Teilnehmerhandbuch, 2002

Scherer, Hermann: *Von den Besten profitieren*, 4. Auflage, Offenbach, Gabal, 2001

Schulze, Gerhard: *Steigerung und Ankunft. Über die Endlichkeit des Fortschritts*, Das Neue, Reinbek 1999

Stauss, Bernd: »Dienstleistungsmanagement im Zeitalter des E-Business«, Vortrag, Dresden, 2002

Stauss, Bernd: »Grundlagen des Dienstleistungsmarketing«, http://www1.ku-eichstaett.de/WWF/ABWLDLM/homepage/forschung/schwerpunkte/1-1grundlagen.html, 2003

Thoms Energieservice GmbH, Angebotsvorlage, Garbsen, 2003

Vogel, Ingo: *So reden Sie sich an die Spitze*, 5. Auflage, München, Econ, 2002

von Rosenstiel, Lutz; Kirsch, Alexander: *Psychologie der Werbung*, Rosenheim, Komar-Verlag, 1996

Watzlawick, Paul, Lange, Bernhard (Herausgeber): *Rhetorische Kommunikation*, Bayreuth, Tasso-Verlag, 1985

Weil der billigste Bieter leer ausging, Anzeigenforum, Freising, 5.08.1998

Welch, Jack; Byrne, John A: *Was zählt. Die Autobiographie des besten Managers der Welt*, München, Econ, 2001

Zerres, Reinhard: *Gezielte Bedarfsermittlung und Präsentation für das kundengerechte Angebot*, Würzburg, Max Schimmel Verlag 1994.

Anmerkungen

1 Bernhard Bruckbauer, Bruckbauer Unternehmensgruppe, Interview, Cham, 2002

2 Gerhard Schulze: *Steigerung und Ankunft. Über die Endlichkeit des Fortschritts, Das Neue*, Reinbek 1999

3 Gerhard Schulze: *Steigerung und Ankunft. Über die Endlichkeit des Fortschritts, Das Neue*, Reinbek 1999

4 *Wirtschaftswoche E-Business*, 23.04.2001

5 Heribert Meffert: *Marketing*, 9. Auflage, Wiesbaden, Gabler Verlag, 2000

6 TV-Werbung, Krombacher, 2001

7 Andreas Meier: *Elektronische Märkte und das Internet*, Lehrstuhl für Wirtschaftsinformatik, Johann Wolfgang Goethe–Universität, Frankfurt a. M.

8 Consulting Partner, Heyde AG: Universität Freiburg – Telematik, e Reality 2000-Studie, Prozessmodell des Digitalen Wirtschaftens: Institut für Informatik und Gesellschaft – Telematik

9 TV-Werbung, Krombacher, 2001

10 Hermann Scherer: *Von den Besten profitieren*, 4. Auflage, Offenbach, Gabal, 2001

11 Bernd Stauss: *Grundlagen des Dienstleistungsmarketing*

12 Bernd Stauss: *Dienstleistungsmanagement im Zeitalter des E-Business*, Vortrag, Dresden, Juni 2002

13 Janos Pasztorfi: *Die Medizin kann nicht heilen*, Wiesbaden, Pro Inform, 1983

14 http://www.sony.de, Sony, 2001

15 http://www.yellow-effects.de/reisefuehrer/Land/hongkong/hongkon1.htm

16 Lutz von Rosenstiel, Alexander Kirsch: *Psychologie der Werbung*, Rosenheim, Komar-Verlag, 1996

17 Lutz von Rosenstiel, Alexander Kirsch: *Psychologie der Werbung*, Rosenheim, Komar-Verlag, 1996

18 Reinhard Zerres: *Gezielte Bedarfsermittlung und Präsentation für das kundengerechte Angebot*, Würzburg, Max Schimmel Verlag, 1994

19 Zitat Stefan Melzer, Artcore Kommunikationsdesign, Geschäftsführer, 2001

20 http://www.jana-uher.de/studium/werbung/wahrng-32.htm

21 NEC: Werbeslogan zur Einführung des Faxgeräts, etwa 1985

22 Western Union: Aussage über das Telefon, 1878

23 Hartmut Glaser, WVAO, Wissenschaftliche Vereinigung für Augenoptik und Optometrie

24 nach Ingo Vogel: *So reden Sie sich an die Spitze*, 5. Auflage München, Econ, 2002

25 Hermann Scherer: *Verkaufen im Verdrängungswettbewerb*, Unternehmen Erfolg, Freising, Teilnehmerhandbuch, 2002

26 Paul Watzlawick, Bernhard Lange (Herausgeber): *Rhetorische Kommunikation*, Bayreuth, Tasso-Verlag, 1985

27 Stephan Reinhardt: »Der verblasste Mythos«, in: *Welt am Sonntag*, Berlin, 3. März 2003

28 In Anlehnung an: American Express Services Europe Limited, Portland House, Stag Place, London SW1E5BZ, United Kingdom

29 Hans Pechtl: Vorlesung Konsumentenverhalten, Ernst-Moritz-Arndt-Universität, Greifswald

30 Hansjörg Votteler, DHL Worldwide Express, Verkaufsleiter Deutschland, 2002

31 Jack Welch, John A. Byrne: *Was zählt. Die Autobiographie des besten Managers der Welt*, München, Econ, 2001

32 Dale Carnegie Training: Deutschland: Umfrageergebnisse Siemens, VTFÜ II: Nutzenabfrage: 2000

33 Reinhard Zerres: *Gezielte Bedarfsermittlung und Präsentation für das kundengerechte Angebot*, Würzburg, Max Schimmel Verlag, 1994

34 Dr. Irene Glöckner-Holme: »Wie erkennt man sein Marktführungs-Potenzial?«, in: *salesprofi* 12/2000,

35 Horst Rückle: *Nutzen bieten – Kunden gewinnen*, Offenbach, Gabal, 2002

36 Earl Taylor, Dale Carnegie Training, Manager of Instruction, 1996

37 Niko Johannidis, Leiter des Vertriebs der Aral Card-Service GmbH, Geschäftsbereich Fleet, 2002

38 Nr. 1 bis 6 nach Dr. Irene Glöckner-Holme: »Wie erkennt man sein Marktführungs-Potenzial?«, in: *salesprofi*, 12/2000. Nr. 7 nach Hermann Scherer: *Verkaufen im Verdrängungswettbewerb*, Unternehmen Erfolg, Freising, Teilnehmerhandbuch, 2002

39 Peter Sawtschenko, Andreas Herden: *Rasierte Stachelbeeren*, Offenbach, Gabal, 2000

40 Alexander Christiani: *Magnet Marketing*, Vorentwurf zur 1. Auflage, Frankfurt am Main, 2002

41 Wolfgang Pagany, Geschäftsführer Pagany BadKultur

42 sbz, http://www.hazweioh.com/pdf_lager/presse/OK-SBZ-21-97.pdf

43 Günther Matt, Siemens AG, Anlagenbau, Shanghai, China, per E-Mail

44 Klementine, Johanna König, Ariel TV-Werbung, Procter & Gamble ab 1968

45 Sabine Asgodom, Hermann Scherer: *Jetzt komm ich*, 2. Auflage München, mvg Verlag, 2001, S. 116 ff.

46 Langer Elektrotechnik Johannes Langer GmbH, Angebotsvorlage, Varel, 2003

47 Thoms Energieservice GmbH, Angebotsvorlage, Garbsen 2003

48 Simone Ambrosius, Kröckel Wohnbau GmbH

49 http://www.fauser-kachelofen.de/ko-index-hp-ufokreis.htm

50 Hermann Scherer: *Verkaufen im Verdrängungswettbewerb*, Unternehmen Erfolg, Freising, Teilnehmerhandbuch, 2002

51 Bernhard Kolonko, FORUM Gaststätten GmbH, München

52 www.starbucks.de

53 TV-Werbung: Fielmann AG, Hamburg

54 Hartmut Glaser: WVAO, Wissenschaftliche Vereinigung der für Augen-optik und Optometrie, Mainz, Geschäftsführer 2001

55 John Ruskin, englischer Schriftsteller, Kunstkritiker u. Sozialphilosoph, 1819 – 1900

56 Norbert Detroy: *Preisverhandlungen*, Detroy Consultants International, Teilnehmerhandbuch, Freising, 2001, Anhang

57 Thomas Goswin, Geschäftsführer von Friedr. Schrag GmbH & Co. KG, Östringen, 2003

58 In Anlehnung an: http://www.marhold.de/presse/werbepsychologie.htm

59 http://www.gastropower.de/skmarket.php, GastroPower, College Hollfeld GmbH

Register